日本産ホソカタムシ類図説
ムキヒゲホソカタムシ科・コブゴミムシダマシ科
青木 淳一 著

Cylindrical Bark Beetles of Japan
Families Bothrideridae and Zopheridae

Author : Jun-ichi AOKI

本書を親友 故佐々治寛之君に捧ぐ

April, 2012 by Roppon-Ashi Entomological Books (Tokyo, JAPAN)　昆虫文献 六本脚

はじめに

　筆者が高校生の時にホソカタムシの魅力に取りつかれ（青木，1955），その後ダニの研究に移り，50年ぶりにホソカタムシの研究を再開した2006年には，ホソカタムシ科として記録された日本産の種は34種であった．その後3年間に筆者によって追加された種は14種にのぼり，2009年に出版した「ホソカタムシの誘惑」には計48種を採録した．さらにその後の3年間で新たに17種が発見され，急激な種数の増加により，新たなまとめを必要としていた．

　「ホソカタムシの誘惑」では各種について形態を記述し，全形図と分布図を載せた．しかし，そこに描かれている細密画は細部の特徴を確かめるのに大いに役立つが，初心者や専門外の研究者が最初に姿形を見た感じからおよその見当をつけるには，写真のほうがはるかに役に立つ．そのことは尊敬する甲虫研究者の一人である今坂正一さんからも指摘を受け，また甲虫学の先輩である平野幸彦さんからも自分が出したヒラタムシ上科のシリーズ（昆虫文献 六本脚）でホソカタムシ類の図説も出したらどうかと強く勧められていた．平野さんも述べているように，今まで出された図鑑では微小甲虫類の写真がいかにも小さすぎて同定に困難を感ずる人が多い．

　そこで，ムキヒゲホソカタムシ科とコブゴミムシダマシ科で日本産種数が65種に増えたのを機に，思い切って写真による図説を出すことにした．本書でもなるべく大きい全形写真を載せ，なおかつ重要な部分の特徴の線画を添えるようにし，さらに複数種を含む属については検索表を載せた．このような構成によって，日本産のホソカタムシの種の同定が確実にできるようになったと信じている．

　ホソカタムシ類は今は亡き親友，佐々治寛之君がテントウムシの次に好きだった甲虫群であり，いずれは日本産のホソカタムシをまとめる予定であったと思う．その遺志を本書で生かせたのではないかと思い，草葉の陰で喜んでいる彼の姿が目に浮かぶ．

　この図説を作成するにあたって，次の方々にご援助を頂いた．ここに記して深く感謝申し上げる．

　標本や情報を提供してくださった方々：秋田勝己，秋山秀雄，安藤清志，井上重紀，今坂正一，岩切康二，岩間美代子，大桃定洋，岡田圭司，尾崎俊寛，蟹江昇，苅部治紀，城戸克弥，久保田義則，栗原隆，斎藤琢己，酒井雅博，佐野信雄，杉野廣一，杉本可能，鈴木亙，高桑正敏，高野久雄，高橋和弘，高橋敬一，田中勇，露木繁雄，豊島健太郎，生川展行，久松定智，平野幸彦，弘世貴久，槙原寛，益本仁雄，松田潔，丸山隆，水野弘造，吉田正隆，渡辺明彦（敬称略，五十音順）

　標本を貸与してくださった博物館：北海道大学総合博物館（大原昌宏），国立科学博物館（野村周平），愛媛大学博物館（吉富博之），九州大学総合研究博物館（松隈明彦・丸山宗利）（敬称略）

　最後になったが，本書の発行者である昆虫文献 六本脚の川井信矢氏には何度も拙宅へ足を運んでいただき，編集者の立場から，また甲虫分類学の専門家としての立場から細かい打ち合わせをしていただき，多くのご忠告と励ましを頂いた．ここに心からお礼を申し上げたい．

凡　例
1. 分類体系はLöbl & Smetana (eds.), Catalogue of Palaearctic Coleoptera 4 (2007) 及び5 (2008)に従った．ただし，属の配列については，上記の書物に従うと属名のABC順になって近縁の属が離ればなれになってしまうため，本書では「ホソカタムシの誘惑」で採用した順にほぼ従って並べてある．
2. 拙著「ホソカタムシの誘惑」では，和名にホソカタムシの名が入っていないコブゴミムシダマシ属，ヨコミゾコブゴミムシダマシ属，タマムシモドキ属などは除外したが，これらはツヤナガヒラタホソカタムシ属と同じ亜科に属することになったので，本書の中に新たに取り入れ，コブゴミムシダマシ科は完全に取り込むことになった．

3. 「ホソカタムシの誘惑」同様に本書でもカクホソカタムシ科は取り扱わなかった．この科は「日本産ヒラタムシ上科図説」の一巻として平野幸彦氏によってまとめられる予定である．
4. たがいによく似た近似種については，写真での判別が困難な場合もあるので，そのような場合には識別に役立つ部分を比較するための線画を掲げた．
5. 種の検索表では，腹面を観察したり解剖したりしなくとも見られる背面からの特徴を主に取り上げて作成した．
6. 図の番号については，種の番号，写真の番号，線画の番号が同じになるように一致させ，部分図には番号にA, B, C記号をつけて示した(1, 1A, 1Bなど)．
7. 各種の全形の線画や分布図を見たい方は拙著「ホソカタムシの誘惑」（東海大学出版会）を参照してほしい．

目　　次

はじめに ……………………………………………………………………………………… 1

ホソカタムシの分類学的離散 ………………………………………………………… 7

ヒラタムシ上科　**Superfamily Cucujoidea Latreille, 1802** ……………… 11

ムキヒゲホソカタムシ科　**Family Bothrideridae Erichson, 1845** ……… 11

 ムキヒゲホソカタムシ亜科　Subfamily **Bothriderinae** Erichson, 1845 ……… 12
  オオホソカタムシ属　Genus *Dastarcus* Walker, 1858 ……………………… 12
   1. サビマダラオオホソカタムシ　*Dastarcus longulus* Sharp, 1885 ……… 13
   2. クロサワオオホソカタムシ　*Dastarcus kurosawai* Sasaji, 1986 ……… 13

  スジホソカタムシ属　Genus *Ascetoderes* Pope, 1961 …………………… 15
   3. オガサワラスジホソカタムシ　*Ascetoderes popei* Nakane, 1978 ……… 15
   4. コウヤスジホソカタムシ　*Ascetoderes koyasanus* Aoki, 2010 ………… 16
   5. ムネクボスジホソカタムシ　*Ascetoderes takeii* (Nakane, 1967) …… 16

  フカミゾホソカタムシ属　Genus *Machlotes* Pascoe, 1863 ……………… 18
   6. フカミゾホソカタムシ　*Machlotes costatus* (Sharp, 1885) …………… 18

  セスジツツホソカタムシ属　Genus *Cylindromicrus* Sharp, 1885 ……… 19
   7. セスジツツホソカタムシ　*Cylindromicrus hiranoi* Aoki, 2008 ……… 19
   8. ヒゴホソカタムシ　*Cylindromicrus gracilis* Sharp, 1885 ……………… 20

  イノウエホソカタムシ属　Genus *Antibothrus* Sharp, 1885 ……………… 21
   9. イチハシホソカタムシ　*Antibothrus ichihashii* Narukawa, 2002 …… 21
   10. イノウエホソカタムシ　*Antibothrus morimotoi* Sasaji, 1997 ………… 22
   11. シリゲホソカタムシ　*Antibothrus hirsutus* Aoki, 2009 ……………… 22

  ミスジホソカタムシ属　Genus *Leptoglyphus* Sharp, 1885 ……………… 23
   12. ミスジホソカタムシ　*Leptoglyphus vittatus* Sharp, 1885 …………… 23
   13. タナカミスジホソカタムシ　*Leptoglyphus tanakai* Aoki, 2011 ……… 24
   14. ミナミミスジホソカタムシ　*Leptoglyphus orientalis* Grouvelle, 1906 … 25
   15. ホソミスジホソカタムシ　*Leptoglyphus kubotai* Aoki, 2011 ………… 25

 ツツホソカタムシ亜科　Subfamily **Teredinae** Seidlitz, 1888 ……………… 27
  ツツホソカタムシ属　Genus *Teredolaemus* Sharp, 1885 ………………… 27
   16. アトキツツホソカタムシ　*Teredolaemus guttatus* Sharp, 1885 ……… 27
   17. クロツツホソカタムシ　*Teredolaemus politus* (Lewis, 1879) ………… 27

ゴミムシダマシ上科　**Superfamily Tenebrionoidea** Latreille, 1802 ………… 31

コブゴミムシダマシ科　**Family Zopheridae** Solier, 1834 ………… 31

コブゴミムシダマシ亜科　Subfamily **Zopherinae** Solier, 1834 ………… 31
  アトコブゴミムシダマシ属　Genus *Phellopsis* LeConte, 1862 ………… 32
    18. アトコブゴミムシダマシ　*Phellopsis subarea* Lewis, 1887 ………… 32

  ヨコミゾコブゴミムシダマシ属　Genus *Usechus* Motschulsky, 1845 ………… 33
    19. ヨコミゾコブゴミムシダマシ　*Usechus chujoi* Kulzer, 1960 ………… 33
    20. ツシマヨコミゾコブゴミムシダマシ　*Usechus tsushimensis* H.Kamiya, 1963 ………… 34
    21. オオダイヨコミゾコブゴミムシダマシ　*Usechus ohdaiensis* Sasaji, 1987 ………… 34
    22. ミヤマヨコミゾコブゴミムシダマシ　*Usechus sasajii* Saitô, 1999 ………… 34

  ツヤナガヒラタホソカタムシ属　Genus *Pycnomerus* Erichson, 1842 ………… 36
    23. ツヤナガヒラタホソカタムシ　*Pycnomerus vilis* Sharp, 1885 ………… 36
    24. アバタツヤナガヒラタホソカタムシ　*Pycnomerus sculptratus* Sharp, 1885 ………… 37
    25. ツチホソカタムシ　*Pycnomerus yoshidai* Aoki, 2011 ………… 37

  タマムシモドキ属　Genus *Monomma* Klug, 1833 ………… 39
    26. タマムシモドキ　*Monomma glyphysternum* Marseul, 1876 ………… 39

ホソカタムシ亜科　Subfamily **Colydiinae** Erichson, 1842 ………… 40
  ルイスホソカタムシ属　Genus *Gempylodes* Pascoe, 1863 ………… 40
    27. ルイスホソカタムシ　*Gempylodes ornamentalis* (Reitter, 1878) ………… 40

  ムネナガホソカタムシ属　Genus *Pseudendestes* Lawrence, 1980 ………… 41
    28. ムネナガホソカタムシ　*Pseudendestes andrewesi* (Grouvelle, 1908) ………… 41

  ノコギリホソカタムシ属　Genus *Endophloeus* Dejean, 1834 ………… 42
    29. ノコギリホソカタムシ　*Endophloeus serratus* Sharp, 1885 ………… 42

  ナガセスジホソカタムシ属　Genus *Bitoma* Herbst, 1793 ………… 42
    30. ナガセスジホソカタムシ　*Bitoma siccana* (Pascoe, 1863) ………… 43
    31. ムナグロナガセスジホソカタムシ　*Bitoma sulcata* (LeConte, 1858) ………… 44

  ユミセスジホソカタムシ属　Genus *Lasconotus* Erichson, 1845 ………… 44
    32. ヒメユミセスジホソカタムシ　*Lasconotus niponius* (Lewis, 1879) ………… 45
    33. オカダユミセスジホソカタムシ　*Lasconotus okadai* Aoki, 2011 ………… 45
    34. ユミセスジホソカタムシ　*Lasconotus sculptratus* (Sharp, 1885) ………… 47

  ヒメホソカタムシ属　Genus *Microprius* Fairmaire, 1869 ………… 48
    35. ツヤケシヒメホソカタムシ　*Microprius opacus* (Sharp, 1885) ………… 48

  ヘリビロホソカタムシ属　Genus *Phormesa* Pascoe, 1863 ………… 49
    36. ヘリビロホソカタムシ　*Phromesa lunaris* Pascoe, 1863 ………… 49

ヒラタサシゲホソカタムシ属　**Genus *Cerchanotus* Erichson, 1845** ……… 50
　37. ヒラタサシゲホソカタムシ　*Cerchanotus orientalis* (Ślipiński, 1985) ……… 50

サシゲホソカタムシ属　**Genus *Neotrichus* Sharp, 1885** ……… 50
　38. サシゲホソカタムシ　*Neotrichus hispidus* Sharp, 1885 ……… 51
　39. ノコムネホソカタムシ　*Neotrichus serraticollis* Sasaji, 1986 ……… 51
　40. ヘコムネホソカタムシ　*Neotrichus cavatus* Aoki, 2009 ……… 51

ダルマチビホソカタムシ属　**Genus *Pseudotarphius* Wollaston, 1873** ……… 53
　41. ダルマチビホソカタムシ　*Pseudotarphius lewisi* Wollaston, 1873 ……… 53

ヒサゴホソカタムシ属　**Genus *Glyphocryptus* Sharp, 1885** ……… 53
　42. ヒサゴホソカタムシ　*Glyphocryptus brevicollis* Sharp, 1885 ……… 54
　43. ホソヒサゴホソカタムシ　*Glyphocryptus toyoshimai* Aoki et Okada, 2011 ……… 54
　44. オオヒサゴホソカタムシ　*Glyphocryptus grandis* Aoki et Okada, 2011 ……… 54

マメヒラタホソカタムシ属　**Genus *Acolophus* Sharp, 1885** ……… 56
　45. マメヒラタホソカタムシ　*Acolophus debilis* Sharp, 1885 ……… 56

オニヒラタホソカタムシ属　**Genus *Bolcocius* Dajoz, 1975** ……… 56
　46. オニヒラタホソカタムシ　*Bolcocius granulosus* (Sharp. 1885) ……… 57
　47. コヒラタホソカタムシ　*Bolcocius shibatai* Sasaji, 1984 ……… 57
　48. ヤエヤマコヒラタホソカタムシ　*Bolcocius yaeyamensis* Sasaji, 1984 ……… 58

ヒラタホソカタムシ属　**Genus *Colobicus* Latreille, 1807** ……… 58
　49. ヒラタホソカタムシ　*Colobicus hirtus* (Rossi, 1790) ……… 59
　50. ミナミヒラタホソカタムシ　*Colobicus parilis* Pascoe, 1860 ……… 59

トゲヒメヒラタホソカタムシ属　**Genus *Colobicones* Grouvelle, 1918** ……… 60
　51. トゲヒメヒラタホソカタムシ　*Colobicones sakaii* Okada, 2005 ……… 61
　52. トカラトゲヒメヒラタホソカタムシ　*Colobicones tokarensis* Okada, 2005 ……… 61

ニセサシゲホソカタムシ属　**Genus *Endeitoma* Sharp, 1894** ……… 62
　53. ニセサシゲホソカタムシ　*Endeitoma bonina* (Nakane, 1990) ……… 62

ヒメヒラタホソカタムシ属　**Genus *Synchita* Hellwig, 1792** ……… 62
　54. ナガヒラタホソカタムシ　*Synchita angustissima* (Nakane, 1963) ……… 63
　55. クロヒメヒラタホソカタムシ　*Synchita tokarensis* (Nakane, 1963) ……… 64

モンヒメヒラタホソカタムシ属　**Genus *Microsicus* Sharp, 1894** ……… 64
　56. メダカヒメヒラタホソカタムシ　*Microsicus oculatus* (Sharp, 1885) ……… 65
　57. クロモンヒメヒラタホソカタムシ　*Microsicus niveus* (Sharp, 1885) ……… 66
　58. ウスモンヒメヒラタホソカタムシ　*Microsicus variegatus* (LeConte, 1858) ……… 66
　59. ヨコモンヒメヒラタホソカタムシ　*Microsicus bitomoides* (Sharp, 1885) ……… 67
　60. ベニモンヒメヒラタホソカタムシ　*Microsicus rufosignatus* (Sasaji, 1971) ……… 67
　61. ハヤシヒメヒラタホソカタムシ　*Microsicus hayashii* (Sasaji, 1971) ……… 68
　62. ケブカヒメヒラタホソカタムシ　*Microsicus hirsutus* (Aoki, 2008) ……… 68

ホソマダラホソカタムシ属　**Genus *Namunaria* Reitter, 1882** ……………………………… 71
　　63. ホソマダラホソカタムシ　*Namunaria picta* (Sharp, 1885) ……………………… 71

マダラホソカタムシ属　**Genus *Trachypholis* Erichson, 1845** ……………………………… 71
　　64. マダラホソカタムシ　*Trachypholis variegata* (Sharp, 1885) ……………………… 72
　　65. オキナワマダラホソカタムシ　*Trachypholis okinawensis* Nakane, 1991 ……… 72

ホソカタムシの住む枯れ木 ……………………………………………………………………… 73

参考文献 …………………………………………………………………………………………… 82

索引 ………………………………………………………………………………………………… 86

おわりに …………………………………………………………………………………………… 91

編集後記 …………………………………………………………………………………………… 91

著者紹介 …………………………………………………………………………………………… 92

ホソカタムシの分類学的離散

　この奇妙な見出しをつけたのは，かつて一つのグループ（科）としてまとまっていたホソカタムシが，現在の分類体系でいとも無残にバラバラにされてしまったことを無念の思いで説明するためである．現在日本で発行されている図鑑ではカクホソカタムシ科は除いてホソカタムシと名のつく虫はすべてホソカタムシ科 Colydiidae にまとめられており，昆虫学者の多くも昆虫愛好家のほとんども，ホソカタムシはホソカタムシ科に属するものと思っているようである．しかし，ホソカタムシ科という呼び名はもう存在しないのである．もともと以前のホソカタムシ科は種々雑多な異なるものの寄せ集めの群（英語で wastebasket taxon = 屑かご的分類群）といわれていたのであるから仕方のないことであるが，かつての広義のホソカタムシ科は以下のように2つの異なる上科，3つの科に分割されている．ここでは分類学的には異なる群に属するものの，カクホソカタムシ科を除き，〇〇ホソカタムシと名のつく甲虫および類縁関係の深いものをすべて取り上げることにした．現在の分類によるムキヒゲホソカタムシ科の全種およびコブゴミムシダマシ科の大部分の種は〇〇ホソカタムシという名をつけられているのであるから，「ホソカタムシ」という総称名は今後も用い続けて行こうと思う．

　　　　ヒラタムシ上科 **CUCUJOIDEA**
　　　　　ムキヒゲホソカタムシ科 **Bothrideridae**
　　　　　　ムキヒゲホソカタムシ亜科 Bothriderinae
　　　　　　ツツホソカタムシ亜科 Teredinae
　　　　カクホソカタムシ科 **Cerylonidae** ＊
　　　　　　カクホソカタムシ亜科 Ceryloninae ＊
　　　　　　ツヤホソカタムシ亜科 Euxestinae ＊
　　　　ゴミムシダマシ上科 **TENEBRIONOIDEA**
　　　　　コブゴミムシダマシ科 **Zopheridae**
　　　　　　コブゴミムシダマシ亜科 Zopherinae
　　　　　　ホソカタムシ亜科 Colydiinae
　　　　　　　（＊：本書で取り扱わない群）

　もう一度復習しておくが，図鑑に出ている従来の「ホソカタムシ科」には上記の一覧の中のムキヒゲホソカタムシ科の全種，コブゴミムシダマシ科の中のコブゴミムシダマシ亜科の中のツヤナガヒラタホソカタムシ属，ホソカタムシ亜科の全種が含まれていたことになる．ここにあげた六つの亜科のうち，コブゴミムシダマシ亜科にはアトコブゴミムシダマシ属，コブゴミムシダマシ属，タマムシモドキ属などホソカタムシと名のつかないもののほか，ツヤナガヒラタホソカタムシ属が含まれるが，それ以外の5つの亜科に所属する種はすべての種名に「ホソカタムシ」という名がついている．なかなか頭に入りにくいが，ホソカタムシを取り扱う場合には，常にこの構成を頭に入れておかなければならない．

　なお，日本で出版されている図鑑では，タマムシモドキ科を独立の科として扱っているが，最近の分類ではコブゴミムシダマシ科のコブゴミムシダマシ亜科に編入されている（Löbl & Smetana, 2008）．

ヒラタムシ上科
Superfamily Cucujoidea Latreille, 1802

ヒラタムシ上科　Superfamily Cucujoidea Latreille, 1802

おおむね小型で、堅い体をもった甲虫の仲間である。テントウムシ科やオオキノコムシ科を除けば、多くは体色が地味であるが、拡大してみると体表の彫刻が見事で魅力的な甲虫であることが分かる。一般のコレクターには人気のない、いわゆる「雑甲虫」のなかまであるが、マニアも少なくはない。本上科には日本産のものでは以下の20科が含まれている。

ヒメキノコムシ科	ヒラタムシ科	**ムキヒゲホソカタムシ科**
ヒゲボソケシキスイ科	チビヒラタムシ科	カクホソカタムシ科
ケシキスイ科	ヒメハナムシ科	ミジンムシダマシ科
オオキスイムシ科	キスイムシ科	テントウムシダマシ科
ホソヒラタムシ科	オオキノコムシ科	テントウムシ科
ツツヒラタムシ科	キスイモドキ科	ミジンムシ科
ムクゲキスイムシ科	ヒメマキムシ科	

（太字は本書で取り扱った科）

このうち、ヒゲボソケシキスイ科およびチビヒラタムシ科は保育社の図鑑では亜科としてあつかっているが、最近は科に格上げされている。なお、ヒメキノコムシ科、ネスイムシ科、チビヒラタムシ科、ホソヒラタムシ科、キスイモドキ科、ムクゲキスイムシ科については、2冊にわたって写真入りの図説（平野幸彦著）が昆虫文献 六本脚から出版されている（平野、2009；2010）。ヒラタムシ上科全般については佐々治寛之（Sasaji, 1984）の総説がある。

ムキヒゲホソカタムシ科　Family Bothrideridae Erichson, 1845

「ムキヒゲ」は「むき出しの触角」という意味で、触角の基節（第1節）が頭部の前側方突起（張り出し）によって覆い隠されることなく、露出していることを指している。そのことによって、以前の広義のホソカタムシ科から分離独立させられた。比較的大型で体格ががっしりした種、筒型で光沢のある種、上翅の隆起線が目立つ種などを含んでいる。

日本産のムキヒゲホソカタムシ科は、原色昆虫大圖鑑II（甲虫篇）（北隆館、1963）にホソカタムシ科としてアトキツツホソカタムシ、ムネクボスジホソカタムシ、フカミゾホソカタムシ、サビマダラオオホソカタムシの4種、原色日本昆虫図鑑（III）（保育社、1985）にクロツヤツツホソカタムシ、アトキツツホソカタムシ、セスジツツホソカタムシ、フカミゾホソカタムシ、ムネクボスジホソカタムシ、オガサワラスジホソカタムシ、サビマダラオオホソカタムシの7種、日本産野生生物目録・無脊椎動物II（環境庁、1995）にホソカタムシ科のムキヒゲホソカタムシ亜科として9種（上記以外の種としてクロサワオオホソカタムシ、ミスジホソカタムシの2種を含む）が掲載されている。

日本で最初に多くのムキヒゲホソカタムシを採集したのはイギリスのG. Lewisで、1981年5月に主として熊本県下で6種を得ている。それらの標本はのちにSharp(1885)によって報告され、6種のうちの5種が新種として記載された。Sharpの原記載の図は当時としては大変精密で特徴をよくとらえている。その後、日本人研究者の中根猛彦（Nakane, 1967）によって群馬県沼田から珍種ムネクボスジホソカタムシ、Nakane(1978)によって小笠原諸島からオガサワラスジホソカタムシ、佐々治寛之（Sasaji, 1986）によって石垣島からクロサワオオホソカタムシ、生川展行（Narukawa, 2002）によって三重県から稀種イチハシホソカタムシが記載された。最近になって青木淳一によって本科の甲虫が本格的に研究され始め、西表島からセスジツツホソカタムシ（Aoki, 2008）、小笠原諸島からヘコムネホソカタムシ（Aoki, 2009c）、奄美諸島からシリゲホソカタムシ（Aoki, 2009d）、高野山からコウヤスジホソカタムシ（Aoki, 2010a）、奈良県からタナカミスジホソカタムシ（Aoki, 2011d）、屋久島からホソミスジ

ホソカタムシ（Aoki, 2011d）などが新種として記載された．また，日本未記録の種としてヒゴホソカタムシ，ミナミミスジホソカタムシを記録した．こうして，現在のところ日本産のムキヒゲホソカタムシ科は7属17種となっている．

ムキヒゲホソカタムシ科を含めた広義のホソカタムシ類の総説については, Sasaji (1977, 1986), 佐々治（1971）によるまとめのほか，青木（2009a）の「図鑑に載っていない日本産ホソカタムシ」，「ホソカタムシの誘惑」などがある．

日本産ムキヒゲホソカタムシ科 Bothrideridae の属への検索表
1. 触角は9節からなる；体長 1.7-3.5mm ………………………………… ミスジホソカタムシ属 *Leptoglyphus*
- 触角は11節からなる ……………………………………………………………………………………… 2
2. 前胸背は幅のほうが長さより大きい；体長 3.0-11.0mm …………… オオホソカタムシ属 *Dastarcus*
- 前胸背は幅と長さがほぼ同じ ……………………………………………………………………………… 3
- 前胸背は長さのほうが幅より大きい ……………………………………………………………………… 4
3. 体は平滑で，つややか；体長 2.5-4.0mm ………………………… ツツホソカタムシ属 *Teredolaemus*
- 体は平滑でなく，つややかでない；体長 1.8-2.5mm ………… イノウエホソカタムシ属 *Antibothrus*
4. 前胸背には2対の明瞭な縦隆起線がある；体長 2.7-5.0mm …… フカミゾホソカタムシ属 *Machlotes*
- 前胸背には明瞭な縦隆起線がない ………………………………………………………………………… 5
5. 体形はがっしりとし，前胸背中央に明瞭な凹み彫刻（多くはヒョウタン形）がある；体長 3.0-6.2mm
……………………………………………………………………………… スジホソカタムシ属 *Ascetoderes*
- 体形は筒形で細長く，前胸背中央に明瞭な凹み彫刻がない；体長 3.5-4.8mm ……………………
……………………………………………………………… セスジツツホソカタムシ属 *Cylindromicrus*

ムキヒゲホソカタムシ亜科　Subfamily Bothriderinae Erichson, 1845

大型種を含むグループで，上翅の縦隆起線とその間の溝が顕著であるのが最大の特徴．6属15種を含む．

オオホソカタムシ属　Genus *Dastarcus* Walker, 1858

ホソカタムシとしては例外的に大型な種を含む．がっしりとした体格で，体の両側が平行でなく，全体に舟形．触角は体の大きさに比べて短い．日本産は2種のみ．

オオホソカタムシ属 *Dastarcus* の種への検索
1(2) 上翅には褐色（錆色）の毛の束が点在する；体長 5.8-11.0mm ………………………………………
……………………………………………………………… サビマダラオオホソカタムシ *D. longulus* Sharp
2(1) 上翅には黒色の毛の塊が点在する；体長 3.3-7.3mm ………………………………………………
……………………………………………………………… クロサワオオホソカタムシ *D. kurosawai* Sasaji

ムキヒゲホソカタムシ科　Bothrideridae

1. サビマダラオオホソカタムシ　*Dastarcus longulus* Sharp, 1885

(図 1, 1A, 1B)

Dastarcus longulus Sharp, 1885a, p.76, pl.3, fig.9; 中根, 1950, 1090 頁, 第 3121 図; 中根, 1963, 219 頁, 第 110 図版, 12 図 1985, 295 頁, 第 48 図版 25 図; 青木, 2009b, 86 頁, 図 (87 頁).

　体長 5.8-11.0mm. 日本最大のホソカタムシ. 全体にゴツゴツした感じで, 褐色と黒色の濃淡により, 名前の通り斑 (まだら) な色彩. 腹面は平らでなく, 背面同様に膨らんでいるので, 台紙に載せても安定しない. 触角は 11 節からなり, 各節の長さは I>II>III> IV>V=VI>VII=VIII<IX<X>XI. 球桿部は 2 節からなり, 末端前の節は角の丸い三角形, 末端節は横長の楕円形. 前胸背 (図 1A) の前縁は弱く突出し, 中央部が弱くへこむ. 側縁は弱く膨らむが, 中央後半部は直線的に狭まる. 前胸背には中央部に 1 対, 側方に 1 対の縦隆起線があり, その間前寄りに 1 対の瘤状隆起がある. 上翅には明瞭な縦隆起と深い溝が交互にあり, 隆起線上に生ずる毛は黄褐色または黒色の縦列集合をなし, そのために全体がまだらに見える. 上翅の後方外側に明瞭な段差があり, 急激に狭まる. クリの害虫であるシロスジカミキリの天敵として知られる.

　分布：本州 (岩手県・福島県・茨城県・関東以西)・四国 (香川県・徳島県・愛媛県)・九州 (熊本県)・対馬・屋久島; 台湾・北朝鮮・ロシア.

　撮影標本データ：東京都皇居, 18-V-2011, 青木淳一採集.

2. クロサワオオホソカタムシ　*Dastarcus kurosawai* Sasaji, 1986

(図 2, 2A, 2B)

Dastarcus kurosawai Sasaji, 1986, p.244, figs.1B-C; 青木, 2009a, 3 頁, 図 5; 青木, 2009b, 45 頁, 図 19D, 88 頁, 図 (89 頁).

　体長 3.3-7.3mm. 前種に次ぐ大型種. 前種が褐色がかっているのに対し, 本種はもっと黒っぽい. 大きさだけからすると, 体長 7.5mm 以上ならば前種, 5.5mm 以下ならば本種と判断されるが, 5.5-7.5mm の間だとどちらとも言えない. その場合は前胸背の形を見る. その長さと幅がほぼ同じならば (図 1A) 前種, 長さよりも幅の方が大きければ (図 2A) 本種である. 前胸背の長さ／幅の値は 0.73～0.84 である. さらに本種では前胸背の前角の突出が弱く, 脚の脛節の末端の突起が弱く, 上面に列生する毛が大きく数が少ない (図 2B). 上翅の毛の集合は前種では褐色の房状であるが, 本種では黒い塊のように見える.

　和名および学名は, タマムシ科その他の甲虫類の分類学に大きな功績を残した黒沢良彦氏に捧げたもの.

　分布：屋久島・トカラ列島・徳之島・沖縄島・久米島・石垣島・西表島; 台湾. 前種は屋久島以北に分布し, 本種は屋久島以南に分布する. 屋久島では両種が混在する.

　撮影標本データ：沖縄島国頭村知花林道, 26-I-2009, 青木淳一採集.

ムキヒゲホソカタムシ科　Bothrideridae

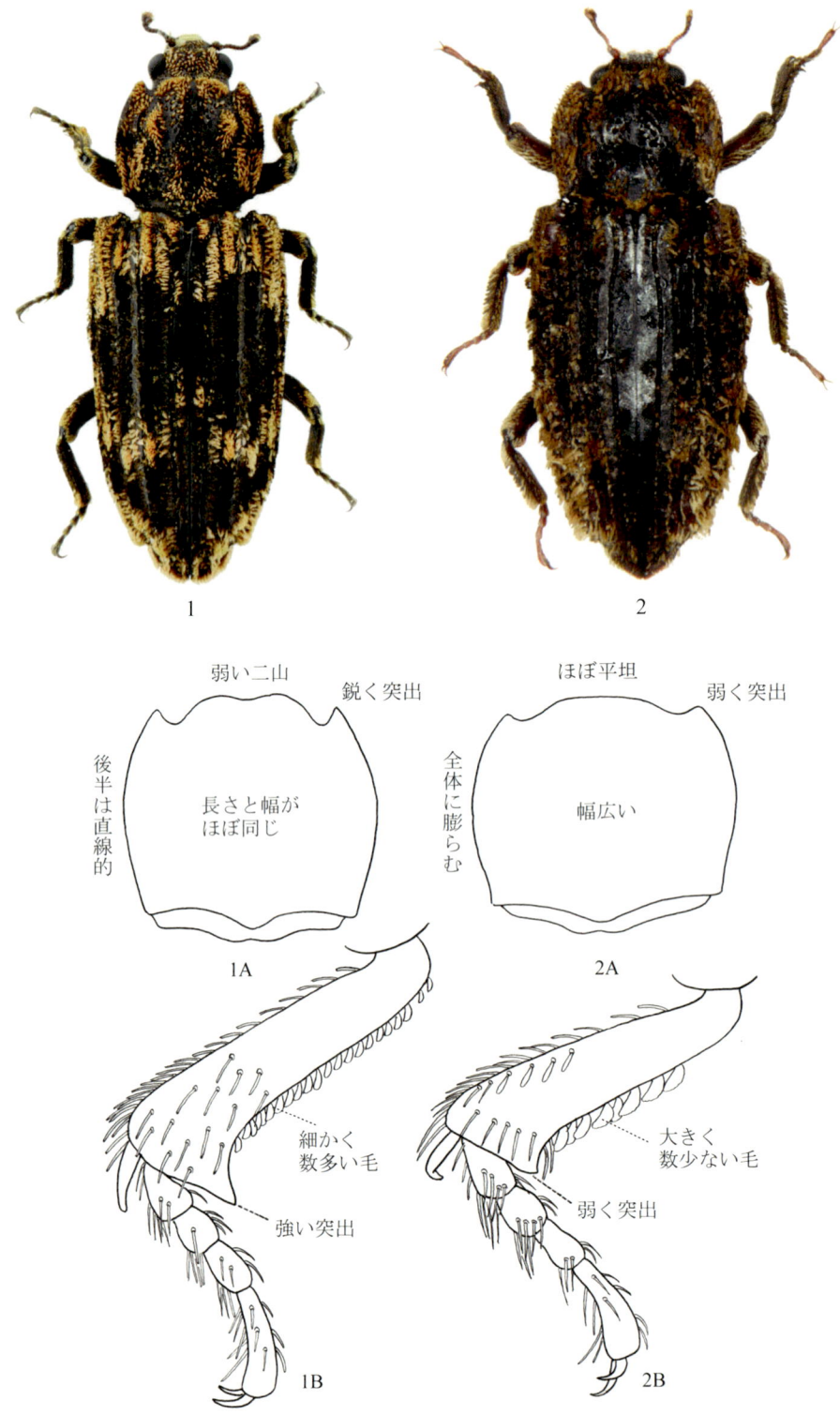

図1A・2A：オオホソカタムシ属 Dastarcus の2種の前胸背輪郭の比較；1B・2B：同，前脚の脛節・付節の比較．

ムキヒゲホソカタムシ科　Bothrideridae

スジホソカタムシ属　Genus *Ascetoderes* Pope, 1961

細長いが，がっしりとした体格．前胸背中央には特徴的な凹み彫刻があり，上翅の隆起線ははっきりとし，溝も深い．日本には3種を産するが，生息地が限られ，採集は難しい．

スジホソカタムシ属 *Ascetoderes* の種への検索
1(2) 前胸背は四角形に近く長さと幅がほぼ同じ，後方に向かってすぼまらない ………………………
　　…………………………………………………………………………… ムネクボスジホソカタムシ *A. takeii* (Nakane)
2(1) 前胸背は幅よりも長さが長く，後方に向かってすぼまる
3(4) 体全体につやがなく，くすんだ黒色；前胸背の後角は鋭角；触角の末端節(XI)は手前の節(X)よりもずっと狭い；体長 3.0-6.2mm ……………………………… オガサワラスジホソカタムシ *A. popei* Nakane
4(3) 体全体に艶があり，赤褐色；前胸背の後角は鈍角；触角の末端節(XI)は手前の節よりもやや幅狭い；体長 4.2mm ………………………………………………… コウヤスジホソカタムシ *A. koyasanus* Aoki

3. オガサワラスジホソカタムシ　*Ascetoderes popei* Nakane, 1978

(図 3, 3A, 3B)

Ascetoderes popei Nakane, 1978, p157, fig. 4A; 1985, 294 頁，第 48 図版，図 24.
Bothrideres sp.：中根, 1970, 25 頁.
Ascetoderes sp. 中根, 1977, 152 頁.
Ascetoderes popei: Sasaji, 1997, p.114；青木, 2009b, 61 頁，図 27B, 90 頁，図（91 頁）．
Aeschyntelus popei: Nakane, 1997, p.114.

　体長 3.0-6.5mm．全体に艶がなく，くすんだ炭黒色で，堅牢な感じ．体の大きさにはかなりの変異がある．頭部はやや縦長の凹孔に覆われ，その間隙が縦につながり，縦じわが走るように見える．触角は 11 節，末端節はその前の節よりも明らかに幅狭く（図 3B），両側が平行．前胸背は縦長で，前角が鋭く突出，後角はほぼ直角に角張る．前胸背中央には中ほどでくびれた細長いひょうたん型の彫刻があり，その後端から後方へ短い縦溝が走り，その両側に 1 対の卵形のふくらみがある．前胸背は表面全体が明瞭な凹孔構造を呈するが，前半部では縦に流れる傾向がある．
　中根 (1978) には「本種については既に新種であることを報告したが…」とあるが，中根 (1977) には「*Ascetoderes* sp. この種は Mr. Pope によれば上記属の新種であるという」という記述があるだけである．正式な新種としての発表は中根 (1978) である．青木 (2009b) は「不思議なことに，原記載には前胸背の図が示されているものの，記載文は一切なく，採集データもない」と述べたが，実は論文の付録（p.160）に詳しい英文の記載があり，10 頭の採集データも載せられていた．お詫びして，ここに訂正する．なお，本種の学名の *popei* は英国の甲虫学者ポープ（Robert D. Pope）に捧げられたもので，学名 *popei* の発音はポペイではなく，ポープイである．
　分布：小笠原諸島（父島・母島・弟島）；台湾．
　撮影標本データ：小笠原母島沖港上，23-X-2008，青木淳一採集．

4. コウヤスジホソカタムシ　*Ascetoderes koyasanus* Aoki, 2010

(図 4, 4A, 4B)

Ascetoderes koyasanus Aoki, 2010a, p. 19, figs. 1-2.

　　体長 4.2 mm. 前種によく似るが，体全体につややかな光沢があり，触角は太く，前胸背の後方へのすぼまりはさらに強く，後角は尖らずに鈍い（図4A）．触角の末端節は，その前の節よりも幅狭いが，前種の場合ほど幅狭くなく，横長である（図 4B）．腹板の末端節の先端は前種ではやや尖り気味であるが，本種ではなめらかに丸い．田中勇氏によって採集されたただ 1 頭の標本に基づいて記載されたものである．今のところ 2 頭目は採れていない．本州産の本属のものとしては次種ムネクボスジホソカタムシがあるが，その生息地よりもはるかに離れた小笠原諸島の種オガサワラスジホソカタムシのほうに近縁であることは興味深い．

　　分布：本州（和歌山県）．今のところ，高野山からただ 1 頭が採集されているのみ.
　　撮影標本データ：和歌山県高野山，23-VII-1990，田中勇採集.

5. ムネクボスジホソカタムシ　*Ascetoderes takeii* (Nakane, 1967)

(図 5, 5A, 5B)

Bothrideres takeii Nakane, 1967, p. 75; 中根, 1963, 219 頁，第 110 図版, 図 10..
Ascetoderes takeii : Nakane, 1978, p. 157, fig.4B; 佐々治, 1985, 294 頁,第 48 図版, 図 123 ; 青木, 2009b, 92 頁, 図.
Aeschyntelus takeii : Sasaji, 1997, p. 114.

　　体長 3.7-5.0mm. 前 2 種とは同じ属に属するが，前胸背の形を見れば容易に区別できる．前 2 種の前胸背は縦長であるのに，本種で正方形に近く，長さと幅がほぼ同じであり，前胸背中央の凹み彫刻は幅広く，後方がやや膨らんだ長方形，周辺部と同じように凹孔を散布する（図 5A）．前角の突出は弱いが，後角は突出する．触角の末端節は丸みを帯びて横長（図 5B）．体全体の表面はオガサワラスジホソカタムシほどくすんでいないが，コウヤスジホソカタムシほど強い艶がなく，中間のやや艶がある状態である．

　　1949 年に沼田で農業を営んでいた武井武一氏によって沼田で 2 頭のみが採集されて以来永い間採集記録がなかったが，40 年以上を経て 1990 年 7 月に和歌山県高野山で田中勇氏によって 1 頭が（生川・田中, 2004），2010 年 10 月に丸山隆氏によって長野県の安曇野市明科および東筑摩郡生坂村においてフジの枯れ蔓から多数の個体が採集された（青木, 2010c）．学名の *takeii* は最初の発見者である武井武一氏に捧げられたものである．

　　分布：本州（群馬県・長野県）.
　　撮影標本データ：長野県生坂村小立野，12-X-2010，丸山隆採集.

ムキヒゲホソカタムシ科　Bothrideridae

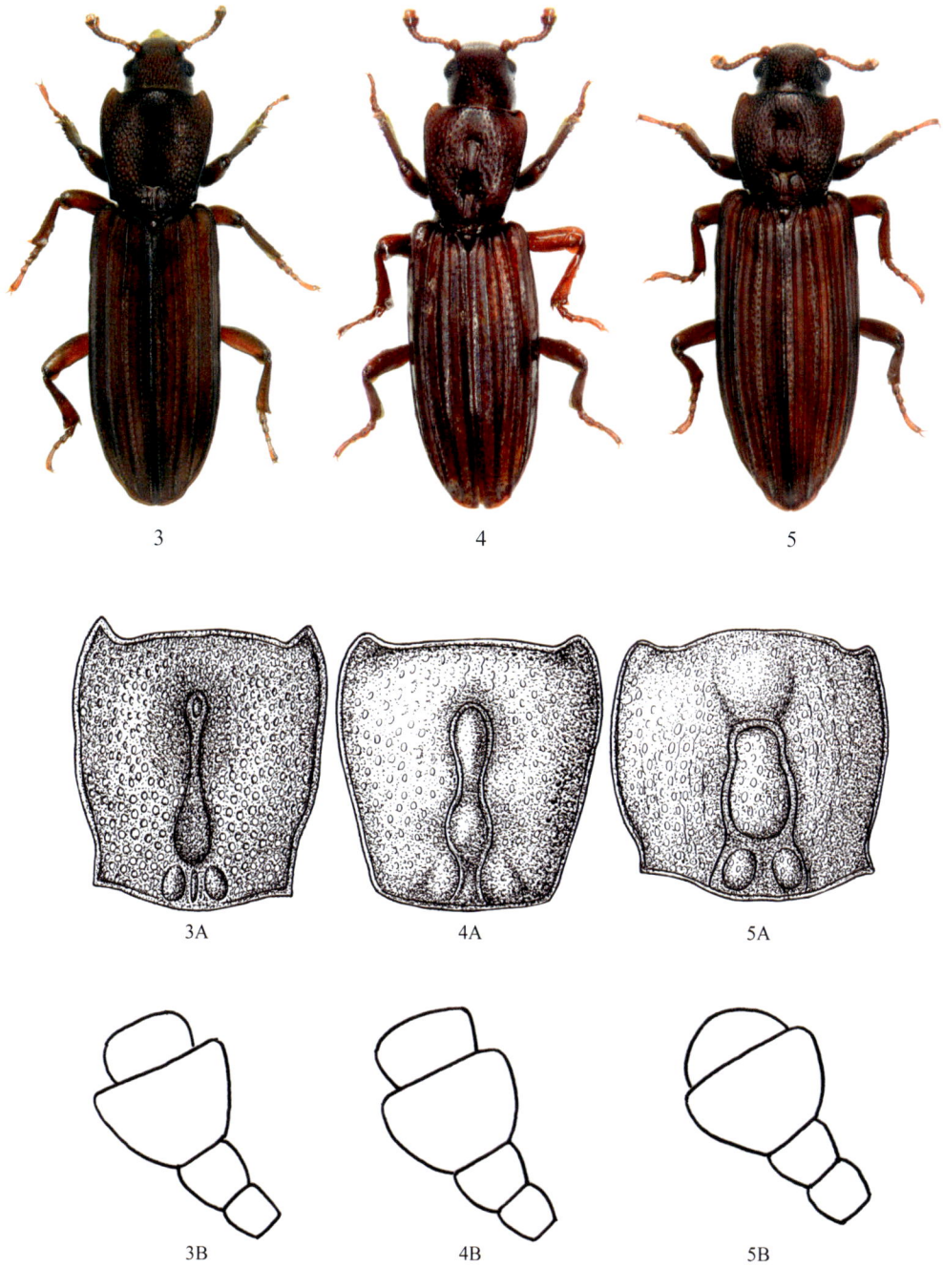

3　　　　　　　　　　4　　　　　　　　　　5

3A　　　　　　　　　4A　　　　　　　　　5A

3B　　　　　　　　　4B　　　　　　　　　5B

オガサワラスジホソカタムシ　　コウヤスジホソカタムシ　　ムネクボスジホソカタムシ

図 3A-5A：スジホソカタムシ属 *Ascetoderes* の 3 種の前胸背の比較（輪郭および中央の彫刻に注目）；3B-5B：同，触角末端 4 節の比較．

ムキヒゲホソカタムシ科　Bothrideridae

フカミゾホソカタムシ属　Genus *Machlotes* Pascoe, 1863

「フカミゾ（深溝）」という名からもわかるように，体表の彫刻が強く深い．特に前胸背の2対の縦隆起と中央の陥没部は顕著である．東南アジアやインドに5種を産し，日本には1種のみを産する．

6. フカミゾホソカタムシ　*Machlotes costatus* (Sharp, 1885)

(図 6, 6A)

Erotylathris costatus Sharp, 1885, p.75, pl. 3, fig. 8；中根，1963，219 頁，第 110 図版，図 11；佐々治，1985，294 頁，第 48 図版，図 22.
Machlotes costatus : Ślipiński et al., 1989, p. 139; Sasaji, 1997, p. 114；青木，2009b，49 頁，図 20D，94.頁，図 (91 頁)．

　体長 2.7-5.0mm. 全体に艶のない黒色，触角と脚の付節のみ赤褐色．彫りの深い彫刻を施し，ホソカタムシの魅力を備えた種である．前胸背の3対の，弱くくねった隆起線が顕著．中央の1対は中ほどより後方で途切れ，その部分に深い陥没部がある．前胸背は後方に向かって直線的に狭まり，前角は鋭く突出する．上翅の縦隆起線は幅広い．
　分布：北海道・本州・九州・対馬・トカラ列島・石垣島・小笠原母島；台湾．分布範囲は広いが，どこにでもいる種ではない．
　撮影標本データ：トカラ列島中之島底なし池，6-VII-2009，青木淳一採集.

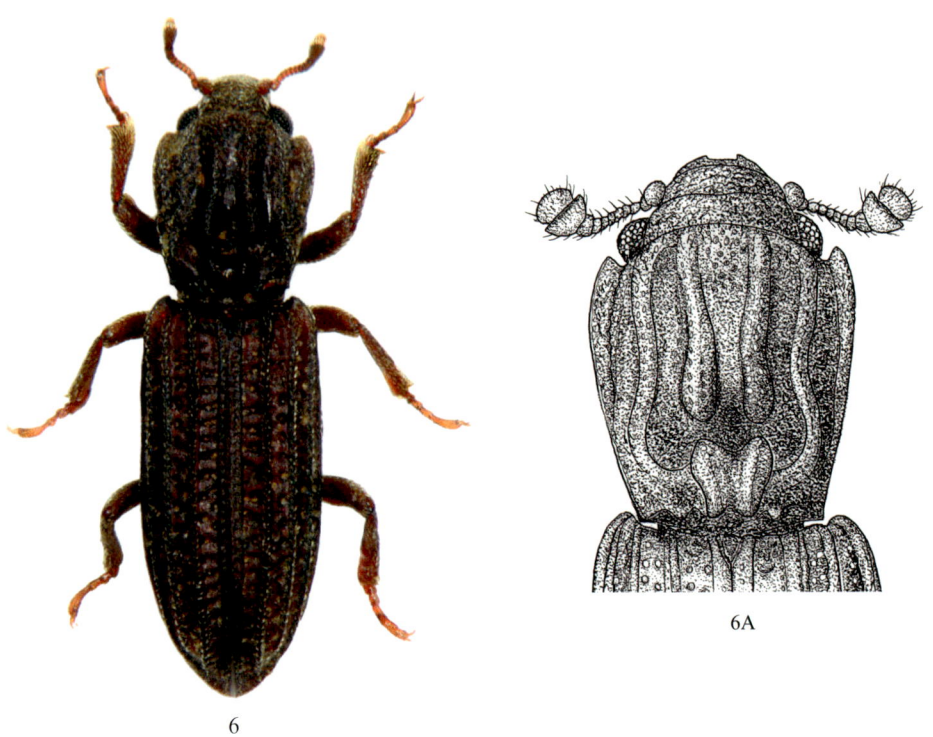

図 6A: フカミゾホソカタムシの頭部と胸部．前胸背の隆起線に注目．

ムキヒゲホソカタムシ科　Bothrideridae

セスジツツホソカタムシ属　Genus *Cylindromicrus* Sharp, 1885

体形が細長く，上翅に明瞭な縦筋があるのが特徴である．日本固有の属であるが，含まれる2種は同属とするには形態が違いすぎる．また，本属は *Sosylus* という属に極めて似ており，シノニムとされることになるかもしれない．

日本産セスジツツホソカタムシ属 *Cylindromicrus* の種への検索
1(2) 前胸背は幅よりもわずかに長く，表面は凹孔構造；上翅は先端に向かってやや細まる …………………………………………………………………………………… セスジツツホソカタムシ *C. hiranoi* Aoki
2(1) 前胸背は幅よりも明らかに長く，表面はしわ状構造；上翅は先端に近い部分で弱い張り出しがある …………………………………………………………………… ヒゴホソカタムシ *C. gracilis* Sharp

7. セスジツツホソカタムシ　*Cylindromicrus hiranoi* Aoki, 2008
(図7)

Cylindromicrus hiranoi Aoki, 2008a, p. 3, figs. 3, 4, 6-8; 青木, 2009a, 3頁, 図4; 青木, 2009b, 56頁, 図24B, 96頁, 図 (97頁)
Cylindromicrus gracilis: 佐々治, 1985, 294頁, 第48図版, 図21.

体長3.7-4.4mm．体は炭黒色，触角と脚は赤褐色を帯びる．全体にずんぐりむっくりした感じ．頭部前縁は直線に近く，金毛を列生する．頭頂はほぼ平らで前方でわずかに浅く凹む．前胸背は強く膨隆し，後方に向かってやや狭まる．表面は密に点刻され，側方では縦脈のように見える．上翅は前縁で強く波打ち，めくれあがる．上翅の縦隆起線が6本，第1条は上翅の先端に届かず，第2, 第3条は先端に近いところで合流し，1本となって上翅の先端に達する．付節の第1節は第2節よりも長い．

佐々治(1985)が保育社の原色日本甲虫図鑑(III)にセスジツツホソカタムシ *Cylindromicrus gracilis* Sharp として載せたものは実は *gracilis* ではなく本種であり，本物の *gracilis* は次種ヒゴホソカタムシである．学名の *hiranoi* は，本物の *gracilis* を熊本県で採集した平野幸彦氏にちなんだものである．

分布：九州(鹿児島県)・屋久島・種子島・奄美大島・伊平屋島・沖縄島・石垣島・西表島．

撮影標本データ：種子島アッポランド〜伊関間, 6-VI-2008, 青木淳一採集．

7

ムキヒゲホソカタムシ科　Bothrideridae

8. ヒゴホソカタムシ　*Cylindromicrus gracilis* Sharp

(図 8)

Cylindromicrus gracilis Sharp, 1885, p. 73, pl. 19, fig. 6; Aoki, 2008a, p. 1, figs. 1-2 and 5；青木, 2009a, 2 頁, 図 3；青木, 2009b, 53 頁, 図 22B, 98 頁, 図(99 頁)；田中, 2009, 頁, 写真 A.

体長 3.5-4.8mm. 全体に赤褐色で, 上翅の先端部がやや黒味がかるが, 全体に黒褐色の個体もある. 頭頂はほぼ平坦, 前方に金毛を生じ, 雄では金毛を広範囲に密生する. 前胸背は幅よりも明らかに長く, 前方で膨らむ. 前胸背表面は点刻ではなく縦皺の構造を示す. 上翅は先端近くで横にやや張りだし, 5 本の縦隆起条を持ち, 条間はほぼ平滑. 付節の第 1 節と第 2 節は同長.

上述したように, 保育社の原色日本甲虫図鑑に出ている *Cylindromicrus gracilis* は本種ではなく, 前種である（Aoki, 2008b を参照）.

生川 (2010) は本種の生息環境を詳しく調査し, キクイムシが穿孔したタブノキの立ち枯れ木に多数の個体が生息することを突き止めた.

分布：本州（三重県）・九州（熊本県）・対馬・屋久島・奄美大島・西表島. 九州以南に広く分布するらしいが, かけ離れた三重県に多産するのは不思議である. 高橋(1991) が奈良県から記録している *Cylindromicrus* sp. も本種である可能性が高い.

撮影標本データ：三重県志摩市磯部町五知, 24-VII-2010, 生川展行採集.

8

イノウエホソカタムシ属 *Antibothrus* およびミスジホソカタムシ属 *Leptogyphus* の種への検索
1(6)　触角は 11 節からなる（イノウエホソカタムシ属 *Antibothrus*）
2(3)　前胸背は幅よりも長い；上翅の先端部分には毛を生ずる … シリゲホソカタムシ *A. hirsutus* Aoki
3(2)　前胸背は長さよりもやや幅広い；上翅には毛を生じない
4(5)　前胸背の側縁は中ほどで角張り, 全体が六角形になる；上翅の縦隆起線はほぼ直線的 ………… ………………………………………………………… イチハシホソカタムシ *A. ichihashii* Narukawa
5(4)　前胸背の側縁は角張らず, 鈍く膨らむのみ；上翅の縦隆起線は弱くうねる ……………………… ………………………………………………………… イノウエホソカタムシ *A. morimotoi* Sasaji
6(1)　触角は 9 節からなる（ミスジホソカタムシ属 *Leptoglyphus*）
7(8)　上翅の第 2 隆起線は先端部で高く顕著に隆起し, 短い毛列を伴う；前胸背の側縁はなだらか … ………………………………………………………… ミナミミスジホソカタムシ *L. orientalis* Grouvelle

8(7) 上翅の第2隆起線は先端部で高まらないか，僅かに高まる
9(10) 上翅の第2隆起線は先端半分に短毛の列を伴う；前胸背の側縁はほぼなだらか，中ほどで僅かに角張る ………………………………………………………… タナカミスジホソカタムシ *L. tanakai* Aoki
10(9) 上翅の第2隆起線の先端半分は長毛の列を伴う；前胸背の側縁は中ほどで多少とも明らかに角張る
11(12) 前胸背は長さと幅が同じか，またはわずかに幅広い；前角ははっきりと突出する；上翅は幅の2倍の長さを持つ ……………………………………………………… ミスジホソカタムシ *L. vittatus* Sharp
12(11) 前胸背は幅よりも長い；前角は斜めに切り落とされる ……………………………………………………………………………………… ホソミスジホソカタムシ *L. kubotai* Aoki.

イノウエホソカタムシ属　Genus *Antibothrus* Sharp, 1885

次の属とともに，小型（体長 1.8-2.5mm）で黄赤褐色，上翅の縦隆起線が目立つという特徴がある．触角は 11 節，末端の 2 節は強く膨らんで球桿を形作る．前胸背は長さよりやや幅広い場合と幅狭い場合がある．

9. イチハシホソカタムシ　*Antibothrus ichihashii* Narukawa, 2002

（図 9, 9A, 9B）

Antibothrus ichihashii Narukawa, 2002, p. 122, figs. 1-6; 青木, 2009a, 2 頁, 図1; 青木, 2009a, 2 頁, 図1.

体長 2.2-2.5mm. 体は黄褐色．前胸背は長さよりもやや幅広く（長／幅＝0.94）角ばり，六角形，前角は鋭く，側縁の中央は明瞭な角張りを持ち，基部中央に1対の弱い隆起線がある．側縁のふちどりは明瞭．上翅は太め（長／幅＝2.11），縦隆起線は極めて強く隆起する．頭頂は弱く膨らみ，毛を密生する．触角の末節は基部でくびれ，前節より明らかに幅狭い．

分布：本州（三重県・奈良県）．近畿地方に分布が限られてるらしく，奈良ではイチイガシやカゴノキの落枝を叩いて得られるという．

撮影標本データ：三重県度会郡大紀町錦, 18-X-2009. 生川展行採集.

10. イノウエホソカタムシ　*Antibothrus morimotoi* Sasaji, 1997

（図 10, 10A, 10B）

Antibothrus morimotoi Sasaji, 1997, p. 111, figs. 1-3；青木, 2009b, 69 頁，図 30A, 102 頁，図（103 頁）

体長 2.2-2.5mm. 体は赤褐色. 前胸背は長さよりも幅広く（長／幅＝0.9 前後），丸味を帯び，前角も鈍く，側縁の中央部の角張りも極めて弱く，全体が六角形とはいえない. 前胸背の基部中央には 1 対の弱い縦隆起線が見られる. 側縁の縁どりはほとんどない. 上翅の縦隆起線は弱い. 頭頂は弱く膨らみ，短毛を生ずる. 触角末節は前節よりも明らかに幅狭い. 和名は本種を最初に採集した井上重紀氏に，学名はゾウムシおよびシロアリの分類の大家，森本桂博士に捧げられたものであるが，なぜ和名と学名に別人の名をつけたのかは不明である.

分布：本州（福井県・三重県・奈良県・京都府・兵庫県）・屋久島. 前種よりは分布域が広いが，採集される個体数は少ない. 最近，久保田義則氏によって屋久島からも採集された（シキミの枯れ枝より脱出）.

撮影標本データ：福井県上大野町和泉村, 17-V-2005. 井上重紀採集.

10

11. シリゲホソカタムシ　*Antibothrus hirsutus* Aoki, 2009

（図 11, 11A, 11B）

Antibothrus hirsutus Aoki, 2009d, p. 291, figs.1-4.

体長 1.9-2.1mm. 体は暗褐色. 前胸背は幅よりも長く（長／幅＝1.12），前縁は強く膨らみ，前角はえぐれ，側縁の中央の角張りは極めて弱く，縁取りがある. 前胸背の基部中央には縦隆起線がない. 上翅は細長く（長／幅＝2.20），縦隆起線はやや強く，翅端に近い部分に顕著な長毛を生ずる. 頭頂は浅く凹み，毛は少ない. 触角の末節は前節とほぼ同じ幅で接する.

分布：奄美諸島（奄美大島・徳之島）. 今のところ奄美諸島特産の種であり，採集は困難である.

撮影標本データ：奄美大島瀬戸内町油井岳, 5-VII-2009，青木淳一採集.

11

ミスジホソカタムシ属　Genus *Leptoglyphus*, Sharp, 1885

　外見上，前属イノウエホソカタムシ属に極めてよく似ているが，決定的な違いは触角の節数で，前属では 11 節であったが，本属では 9 節しかない．日本に 4 種を産し，1 種は近畿地方に分布するが，他の 3 種は主として日本南部に生息する．本属の種については Aoki(2011d) のまとめがある．

12. ミスジホソカタムシ　*Leptoglyphus vittatus* Sharp, 1885

(図 12, 12A, 12B)

Leptoglyphus vittatus Sharp, 1885, p. 75; Sasaji, 1997, p.114, fig. 4; 青木, 2009a, 4 頁, 図 6; 青木, 2009b, 106 頁, 図(107 頁)

12

　体長 3.2-3.5mm．ミスジホソカタムシ属の中ではもっとも大型な種（他種では体長が 2.5mm を超えない）．前胸背の中ほどがはっきりと角張り，前胸背全体が六角形を呈する．複眼は他の種よりも大きい．触角は 9 節からなり，末端の 2 節が大きい球桿部を構成し，その 2 節は同じ幅で接する（接点で段差がない）．上翅の第 2 隆起線の先端部の高まりは弱く，そこに生ずる毛は長い（図 12A）．頭頂の毛は立っている．

　分布：九州（熊本県・宮崎県）・下甑島・屋久島；台湾．熊本県人吉で G. Lewis によって採集された 1 個体に基づいて Sharp(1885) が記載して以来，1994 年に上野輝久氏によって鹿児島県下甑島で 2 頭目が採集され，さらに 2002 年に 3 頭目が久保田義則氏によって屋久島の大川林道で，2005 年に 4 頭目が安藤清志氏により宮崎県高原で採集された．台湾ではしばしば採集されるらしいが，日本では極めて珍しい種である．筆者も人吉，下甑島，屋久島で懸命に探したが，採集できていない．

　撮影個体データ：鹿児島県下甑島手打，17-V-1994，上野輝久．

13. タナカミスジホソカタムシ　*Leptoglyphus tanakai* Aoki, 2011

（図 13, 13A, 13B）

Leptoglyphus orientalis: 青木・平野, 2008, 1 頁, 図 1-3; 青木, 2009b, 68 頁, 図 29A, 104 頁, 図(p.105).
Leptoglyphus tanakai Aoki, 2011, p. 3, figs. 7-12.

体長 1.9-2.5mm．全体にやや太めで丸みが強い感じ．前胸背の側縁はなだらか．前角の突出は弱い．前胸背後方にある 1 対の短い隆起線は比較的明瞭．上翅の第 2 隆起線の先端部の高まりは弱く，そこに生ずる毛は短い（図 13A）．頭頂の毛は寝る．

　青木・平野（2008）は奈良県で採集された本種をスマトラから記載された *Leptoglyphus orientalis* Grouvelle（和名：タナカミスジホソカタムシ）と同定し，日本新記録として報告したが，後に南西日本で発見された種が本物の *Leptopglyphus orientalis*（次種）であることがわかり，奈良県のものは新種として記載した．それが本種である．従って，奈良県産のものは学名が変わったが，和名はそのままタナカミスジホソカタムシにしてある．

　なお，和名のタナカおよび学名の *tanakai* は本種を初めて多量に採集された田中勇氏（西宮市在住）にちなんだものである．

　分布：本州（奈良県・京都府・広島県）．

　撮影標本データ：奈良県奈良市雑司町若草山, 13-III-2005, 斎藤琢己．

13

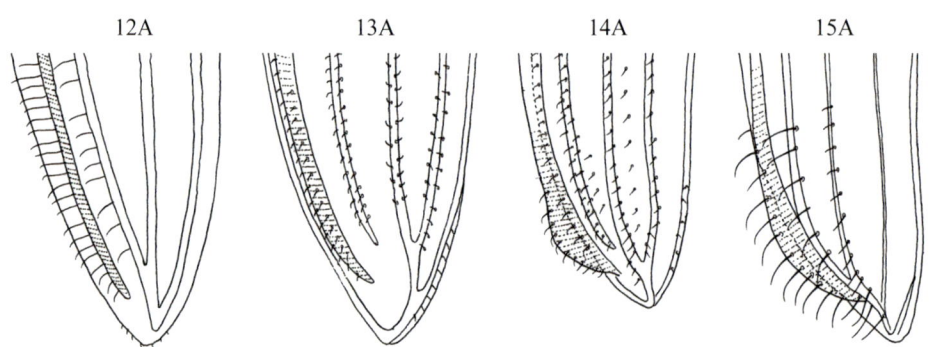

図 12A-15A：ミスジホソカタムシ属 *Leptoglyphus* の 4 種の上翅先端部の比較（右翅側面）．隆起線の形と毛の長さに注目（Aoki, 2011d）．

14. ミナミミスジホソカタムシ *Leptoglyphus orientalis* Grouvelle, 1906

(図 14, 14A, 14B)

Leptoglyphus orientalis Grouvelle, 1906, p. 117; Aoki, 2011d, p.4, figs. 13-18.

体長 1.7-2.0mm．本属の中では最も小型．前胸背は長さと幅がほぼ同じか，僅かに幅広く，側縁に角張りはなく，ほぼなめらか．前角の突出は弱い．頭頂の毛は寝ている．上翅の第2隆起線の先端部の隆起が顕著に高まるのが最大の特徴で（図14A），そこに生ずる毛は短い．青木・平野(2008)および青木(2009b)にタナカミスジホソカタムシ*Leptoglyphus orientalis* Grouvelle として図示されたものは *L. orientalis* ではなく *L. tanakai* である．

分布：九州（鹿児島県）・下甑島・屋久島；スマトラ・ジャワ．下甑島および屋久島には多数生息し，1本の立ち枯れ木から数十頭が採集されることもある（図69）．

撮影標本データ：鹿児島県下甑島瀬々野浦上，4-X-2009, 青木淳一採集

14

15. ホソミスジホソカタムシ *Leptoglyphus kubotai* Aoki, 2011

(図 15, 15A, 15B)

Leptoglyphus kubotai Aoki, 2011d, p. 6, figs. 19-24.

体長 2.1-2.2mm．体形は他の3種に比べて明らかに細長い．前胸背は幅よりも長く（長さ／幅＝1.15〜1.17），側縁の中央に小さな角張りがある．頭頂は浅く凹み，毛は立っている．上翅の第2隆起線の先端部の高まりは弱いが，そこに生ずる毛は顕著に長い（図15A）．なお，学名の *kubotai* は下記の久保田義則氏に捧げたものである．

分布：伊豆諸島三宅島・屋久島．三宅島では森林総合研究所の槇原寛氏によってただ1頭が採集されたが，屋久島では屋久島南部の麦生在住の久保田義則氏によって多数個体が採集された．しかし，前種ミナミミスジホソカタムシよりは少ない．前種，本種ともに他の島々でも見出される可能性が高い．

撮影標本データ：屋久島トイモ岳，26-V-2010, 久保田義則採集．

15

ムキヒゲホソカタムシ科　Bothrideridae

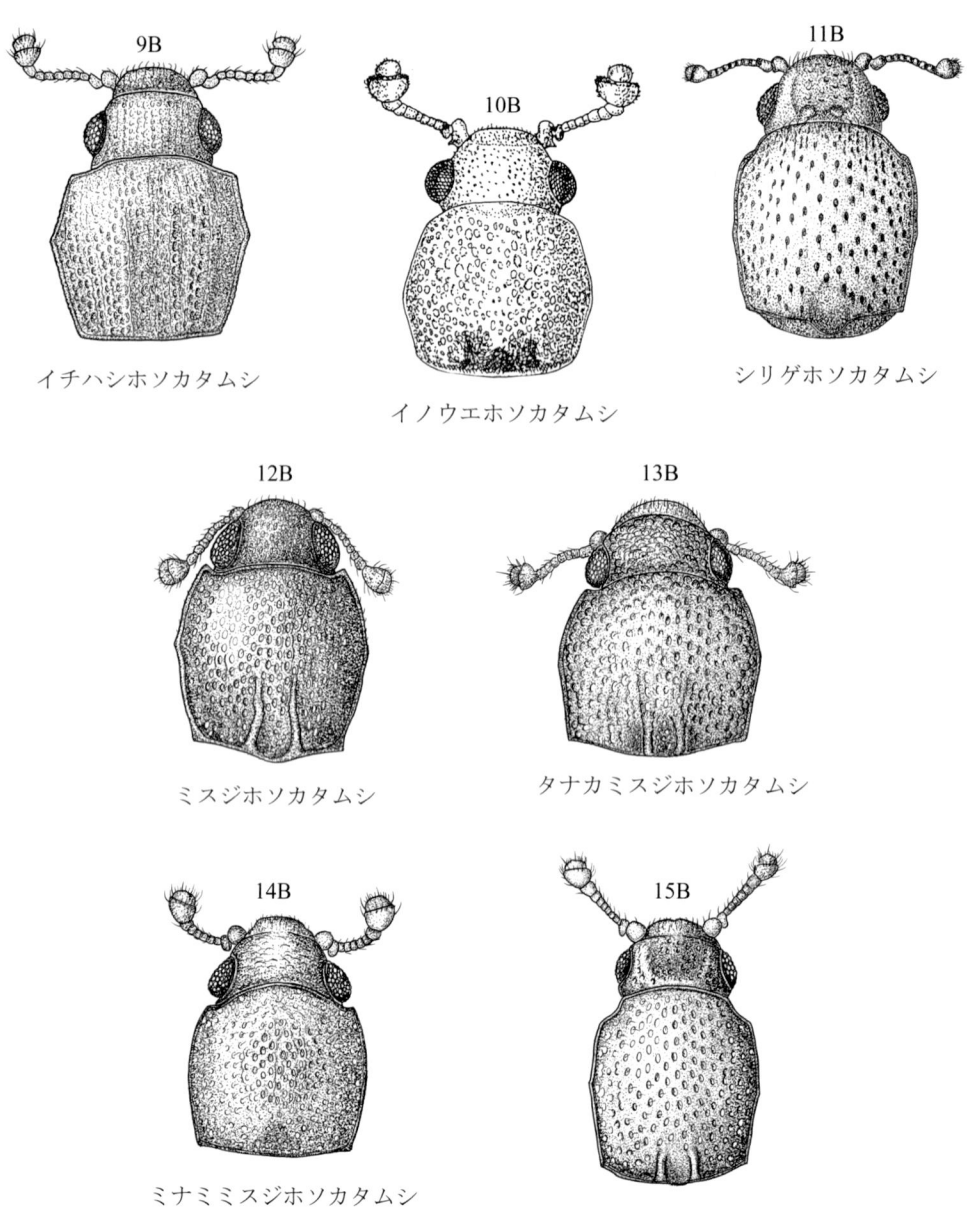

図 9B-15B：イノウエホソカタムシ属 *Antibothrus* の 3 種およびミスジホソカタムシ属 *Leptoglyphus* の 4 種の頭・前胸背の比較（触角球桿部の形，前胸背側縁の形状に注目）．

ムキヒゲホソカタムシ科　Bothrideridae

ツツホソカタムシ亜科　Subfamily Teredinae Seidlitz, 1888

ツツホソカタムシ属　Genus *Teredolaemus* Sharp, 1885

　ホソカタムシ類には珍しく，ツルツル，ピカピカの光沢のある体をしている．一見したところ，ゴミムシダマシ科のクロホソゴミムシダマシなどホソゴミムシダマシ属のものにそっくりであるが，このほうは触角の球桿部がはっきりせず全体に太くなっているので区別できる．日本産は2種1亜種である．本属の種につてはAoki & Imasaka(2010)のまとめがある．

16. アトキツツホソカタムシ　*Teredolaemus guttatus* Sharp, 1885

(図16, 16A, 16B)

Teredolaemus guttatus Sharp, 1885, p. 74；中根, 1963, 219 頁, 第110図版, 第8図；佐々治, 1985, 294 頁, 第48図版, 第20図；青木 2009b, 65頁, 図28A, 108頁, 図（109頁）.

　体長 2.5-3.5mm．体は円筒形，艶のある黒色であるが，口器，触角，脚は黄赤褐色．頭部の後縁側方は小さく突出する（図16A）．触角は10節，先端の1節からなる球桿部は大きく，近接した2本の横溝によって区分される（図16B）．上翅の先端部には大きく黄色っぽい斑紋があるが，極めてはっきりしている場合とぼんやりとぼやけている場合がある．沖縄産亜種 *T. guttatus yambarensis* Aoki et Imasaka, 2010 では，この黄色い斑紋が消失する．キクイムシが潜入した太い立ち枯れ木に多い．
　分布：本州（福島県・福井県・奈良県・京都府）・伊豆諸島（三宅島・御蔵島）・四国・九州・屋久島・トカラ列島・奄美大島・加計呂麻島・徳之島・沖縄島・石垣島．
　撮影標本データ：トカラ列島中之島港上，6-VII-2009, 青木淳一採集．

17. クロツツホソカタムシ　*Teredolaemus politus* (Lewis, 1879)

(図17, 17A, 17B)

Teredus politus Lewis, 1879, p.462.
Teredolaemus politus: Sharp, 1885, p.74, pl. 3, fig. 7；佐々治, 1985, 294 頁, 第48図版, 第19図；青木, 2009b, 110 頁, 図（111頁）.

　体長 3.4-4.0mm. 前種によく似るが，体が大きく，前胸背の側縁のふくらみが強い．頭部の後縁はなだらかに丸みを帯び突出部はない（図17A）．上翅は全体に黒一色で，先端付近に黄色っぽい斑紋がなく，第5列の点刻が他列のものよりも格段に大きい．触角の球桿部は特に大きく，中ほどにある1本の横溝によって区切られる（図17B）．前種よりもずっと少ない．
　分布：本州（福井県・石川県・静岡県・神奈川県・三重県）・隠岐・四国（徳島県・愛媛県）・本州（福岡県・長崎県）・対馬・屋久島・奄美大島．
　撮影標本データ：奄美大島宇検村，23-26-V-2004, 高橋敬一採集．

ムキヒゲホソカタムシ科　Bothrideridae

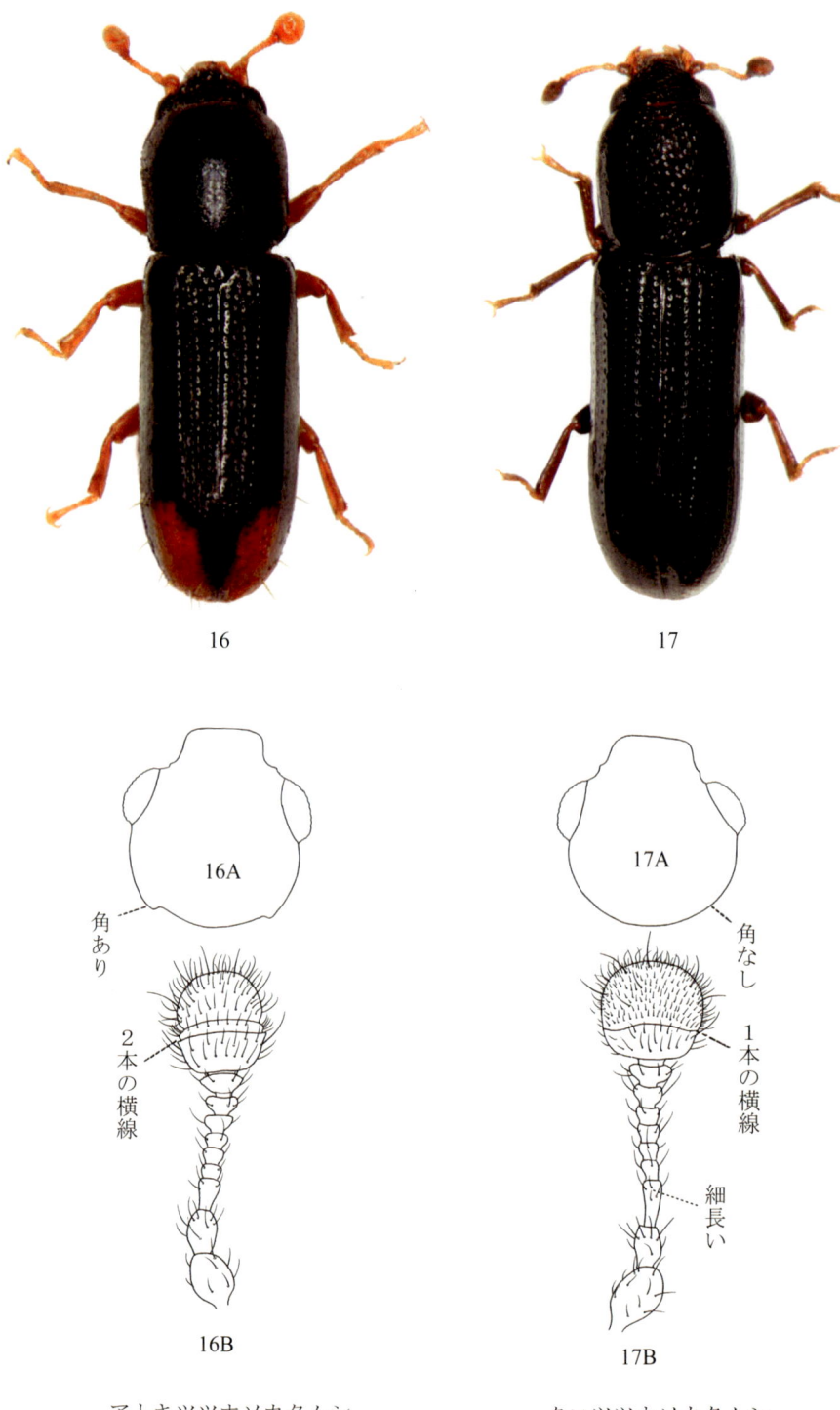

図16A・17A：ツツホソカタムシ属 *Teredolaemus* の 2種の頭部の比較；16B・17B：同，触角の比較（球桿部の大きさおよび横溝の数，第3節の長さに注目）．

ゴミムシダマシ上科
Superfamily Tenebrionoidea Latreille, 1802

ゴミムシダマシ上科　Superfamily Tenebrionoidea Latreille, 1802

大所帯のゴミムシダマシ科，ハナノミ科，コブゴミムシダマシ科などをのぞけば，ほとんどがあまり種数の多くない，多様な，いわゆる雑甲虫の仲間からなる．日本産のものについては，以下の 19 科によって構成されている．

コキノコムシ科	ツツキノコムシ科	キノコムシダマシ科
ナガクチキムシ科	**コブゴミムシダマシ科**	ハナノミ科
ゴミムシダマシ科	デバヒラタムシ科	ヒラタナガクチキムシ科
カミキリモドキ科	ツチハンミョウ科	ホソキカワムシ科
ツヤキカワムシ科	キカワムシ科	アカハネムシ科
チビキカワムシ科	アリモドキ科	ニセクビボソムシ科
ハナノミダマシ科		

（太字は本書で取り扱った科）

コブゴミムシダマシ科　Family Zopheridae Solier, 1834

かつてのホソカタムシ科 Colydiidae の大部分は最近の分類でコブゴミムシダマシ科 Zopheridae と合併された．含まれる種数からすれば，小さなグループであるコブゴミムシダマシ科よりもホソカタムシ科のほうがはるかに大きいのだが，設立された年がコブゴミムシダマシ科のほうが 8 年ほど早かったために，合併群の名称はコブゴミムシダマシ科 Zopheridae のほうが採用されてしまった（Colydiidae Erichson, 1842 に対して Zopheridae Solier, 1834）．昆虫研究者の中にはいまだにホソカタムシはすべてホソカタムシ科に属するものと思い込んでいる人もあれば，旧来のホソカタムシがカクホソカタムシ科，ムキヒゲホソカタムシ科，ホソカタムシ科の 3 科に分割されたことは知っていても，この最後のホソカタムシ科がコブゴミムシダマシ科に編入されてしまったことを知らない人もいる．しかし，「ホソカタムシ科 Colydiidae」はもやは存在しないのである．中身はちょっと違うが，かつての「鱗翅目」が最近は「チョウ目」と呼ばれるようになり，「含まれる種数からいえばガのほうがはるかに多いのにチョウ目とはなにごとか」と蛾の研究者が面白くない気分になるのと似ている．

本科は以下の 2 つの亜科に分けられるが，複雑なことにツヤナガヒラタホソカタムシ属だけはコブゴミムシダマシ亜科に入れられ，残りのホソカタムシはすべてホソカタムシ亜科に入れられた．ここにおいて，ホソカタムシはかろうじて亜科としての名をとどめている．

コブゴミムシダマシ亜科　Subfamily Zopherinae Solier, 1834

一見したところ全く異なる姿形をした群，アトコブゴミムシダマシ，ヨコミゾコブゴミムシダマシ，ツヤナガヒラタホソカタムシ，タマムシモドキの 4 属を含む．ツヤナガヒラタホソカタムシ属は○○ホソカタムシという名を持ちながら，最近の分類ではいわゆるホソカタムシのなかまから引き剥がされて本亜科に入れられた．

コブゴミムシダマシ科　Zopheridae

コブゴミムシダマシ亜科 Zopherinae の属への検索

1(4) 体は細長い（体長／体幅＝2.8～3.6）；触角の球桿部ははっきりしない
2(3) 前胸背は杯形，後方に向かって強く狭まる；体長 14.0-21.0mm ……………………………………………………………………………………… アトコブゴミムシダマシ属 *Phellopsis*
3(2) 前胸背は長四角形，後方に向かって弱く狭まる；体長 2.8-4.3mm ………………………………………………………………………………… ツヤナガヒラタホソカタムシ属 *Pycnomerus*
4(1) 体はずんぐりと短い（体長／体幅＝1.7～2.2）；触角の球桿部は明瞭
5(6) 前胸背は横長の六角形；体表はざらつく ……………… ヨコミゾコブゴミムシダマシ属 *Usechus*
6(5) 前胸背は半円形；体表はつややか …………………………………… タマムシモドキ属 *Monomma*

アトコブゴミムシダマシ属　Genus *Phellopsis* LeConte, 1862

　大型で体長 14mm 以上，特に大型なものは 20mm を超える．名のごとく，全体に瘤に覆われる．ロシア，中国，韓国，日本から 3 種が知られ，日本には 1 種のみを産する．

18. アトコブゴミムシダマシ　*Phellopsis subarea* Lewis, 1887

（図 18）

Phellopsis subarea Lewis, 1887, p. 219; 中根, 1963 , 235 頁，第 118 図版，図 3; 中條, 1985, 344 頁，第 58 図版，図 22.

　体長 14.0-21.0mm. 体，触角，脚ともにすべて炭黒色．全体瘤だらけ．前胸背の前半は著しく横に張り出すが，後部は急激に細まる．前胸背中央には細いがはっきりした縦溝がある．上翅には畝状または瘤状の顕著な隆起が多く，とくに後部の 3 対の後方に向く突起が顕著である．触角は 11 節，球桿部は 3 節からなり，第 9 節・第 10 節は幅広く同幅，第 11 節は明らかに幅狭い．脚の付節数は 5-5-4．

　分布：本州・四国・九州．朽木に生えた堅いキノコに居ることが多いという．

　撮影標本データ：三重県美杉村平倉演習林，8-VI-1997, 平野幸彦採集．

18

コブゴミムシダマシ科　Zopheridae

ヨコミゾコブゴミムシダマシ属　Genus *Usechus* Motschulsky, 1845

　ずんぐりした独特な体形．体表はざらついて光沢がない．前胸背は横長の六角形であるが，体全体も縦長の六角形．前胸背の斜め前縁に沿って深い触角溝があり，その溝の後端の触角球桿部がはまる部分は滴形の穴となって上方に開いている．触角は 11 節からなり，球桿部は明瞭で 3 節からなる．脚の付節数は 5-5-4．日本に 4 種を産し，うち 3 種は稀な種である．日本産の本属のものについては Saitô (1999) の総説がある．

　日本産ヨコミゾコブゴミムシダマシ属 *Usecus* の種への検索

1(2)　前胸背は幅と長さがほぼ同じ；上翅には瘤がない ……………………………………………………
　　　……………………………………… オオダイヨコミゾコブゴミムシダマシ *U. ohdaiensis* Sasaji
2(1)　前胸背は長さよりも幅広い；上翅には毛を密生する瘤がいくつもある
3(4)　ずんぐりした体形；前胸背は明らかに横長で，後方に向かってほとんど狭まらない …………
　　　……………………………………… ツシマヨコミゾコブゴミムシダマシ *U. tsushimensis* K. Kamiya
4(3)　やや細めの体形；前胸背はやや横長で，後方に向かって狭まる
5(6)　上翅は細長く，長／幅＝1.60 前後；前胸背は明らかに横長で，幅／長＝1.24 前後；上翅の縦隆起線の第 9 条と第 10 条は中ほどで融合しない ………… ヨコミゾコブゴミムシダマシ *U. chujoi* Kulzer
6(5)　上翅はやや細長く，長／幅＝1.47 前後；前胸背はやや横長で，幅／長＝1.17 前後；上翅野第 9 条と第 10 条は中ほどで融合する ……………… ミヤマヨコミゾコブゴミムシダマシ *U. sasajii* M. Saitô

19. ヨコミゾコブゴミムシダマシ　*Usechus chujoi* Kulzer, 1960

（図 19, 19A）

Usechus chujoi Kulzer, 1960, p. 304; Nakane, 1963, 235 頁，第 118 図版，図 4; Kamiya, 1963, p. 24.；佐々治，1985, 344 頁，第 58 図版，図 20 ; Saitô, 1999, p. 104, figs.1-3.

　体長 2.8-3.6 mm．炭黒色．全体にずんぐりした体形で，前胸背が大きく，幅広い六角形をしている．前胸背の幅／長＝1.24 前後で，明らかに横長である．前胸背の後縁は波打ち，中央部が両角よりも後方へ突出している．上翅は長／幅＝1.60 前後で本属の中では最も細長く，ふくらみが強く，汚黄色の鱗毛を密生した瘤状隆起がいくつもある．

　分布：本州・四国・九州．四国の剣山では太い倒木からかなりの個体数を得た．本属の中では比較的多い種である．

　撮影標本データ：徳島県剣山見ノ越，21-VII-2007，青木淳一採集．

20. ツシマヨコミゾコブゴミムシダマシ　*Usechus tsushimensis* H.Kamiya, 1963

(図 20, 20A)

Usechus tsushimensis H. Kamiya, 1963, p. 21, figs. 1, 2A, C-F, H; 佐々治, 1985, p. 344, 第58図版, 図21 ; Saitô, 1999, p. 105, figs. 4-6.

　体長 3.3-3.9 mm. 灰黒褐色. 前胸背が著しく幅広く（幅／長＝1.3前後），上翅も短く（長／幅＝1.29），全体が一層ずんぐりしているので同属の他種とは容易に区別できる．前胸背の側縁は後方に向かってほとんど狭まることはなく，ほぼ平行．上翅の後方での狭まり方は弱い．
　分布：対馬．野生のシイタケから見出されるというが，筆者は細い立ち枯れ木や地面に積まれた皮つき丸太から採集した．
　撮影標本データ：対馬仁田〜目保呂ダム間，10-IV-2010，青木淳一採集．

21. オオダイヨコミゾコブゴミムシダマシ　*Usechus ohdaiensis* Sasaji, 1987

(図 21, 21A)

Usechus ohdaiensis Sasaji, 1987, p. 52, fig. 13; Saitô, 1999, p. 105, figs. 7-9.

　体長 3mm 前後，炭黒色．前胸背の長さと幅がほぼ同じなので，同属の他種と区別できる（他種では横長）．前胸背の側縁は後方に向かって狭まり，後縁は両角よりも明らかに後方に出っ張る．上翅の瘤状隆起は目立たない．
　分布：本州（紀伊半島）．今のところ奈良県の大台ヶ原からしか見出されていない稀種．
　撮影標本データ：奈良県上北山村大台ヶ原，22-VIII-1988，秋田勝己採集．

22. ミヤマヨコミゾコブゴミムシダマシ　*Usechus sasajii* M.Saitô, 1999

(図 22, 22A)

Usechus sasajii M. Saitô, 1999, p. 106, figs. 10-14.

　体長 3.0-3.9 mm. 前胸背は長さよりもやや幅広く（幅／長＝1.17前後），前縁は弱く凹み，側縁は後方に向かって狭まり，後縁の波打ちは弱く，中央部は両角よりもあまり出っ張らない．上翅はやや細長く，長／幅＝1.47前後，先端部は急激に細くくびれる．
　分布：本州（山梨県・長野県）．本州中部に生息するが，少ない．
　撮影標本データ：山梨県韮崎市鳳凰小屋周辺，8-VII-1999，金子義紀採集．

コブゴミムシダマシ科　Zopheridae

19	20
21	22

19A ヨコミゾコブゴミムシダマシ	20A ツシマヨコミゾコブゴミムシダマシ
21A オオダイヨコミゾコブゴミムシダマシ	22A ミヤマヨコミゾコブゴミムシダマシ

図19A-22A：ヨコミゾコブゴミムシダマシ属 *Usechus* の4種の前胸背の輪郭の比較（長さと幅の比率に注目）．

コブゴミムシダマシ科　Zopheridae

ツヤナガヒラタホソカタムシ属　Genus *Pycnomerus* Erichson, 1842

　コブゴミムシダマシ科の中にあって〇〇ホソカタムシと名のつく種のほとんどはホソカタムシ亜科に所属するが，本属だけはコブゴミムシダマシ亜科に入れられることになった．体は細長く，触角は太く，根元から先端までほとんど太さが変わらないのが特徴である．長らく日本には2種のみが知られていたが，最近第3の種が見つかった．

　日本産ツヤナガヒラタホソカタムシ属*Pycnomerus*の種への検索

1(4) 複眼は正常な大きさである；頭と前胸背には顕著な彫刻がない（頭部に1対の小穴があるのみ）；上翅の外縁はなめらかで，段差はない．
2(3) 体は赤紫褐色で，強い光沢がある；前胸背は後方に向かって僅かに狭まり，側縁は細く目立たない ……………………………………………………………………… ツヤナガヒラタホソカタムシ *P. vilis* Sharp
3(2) 体は黒紫褐色で，光沢は弱い；前胸背は後方に向かってかなり狭まり，側縁は太く明瞭 …………………………………………………………… アバタツヤナガヒラタホソカタムシ *P. sculptratus* Sharp
4(1) 複眼は極めて小さく退化し，頭部の後方に位置する；頭と前胸背には顕著な彫刻がある；上翅の外縁は先端に近いところで明瞭な段差を生ずる ………………… ツチホソカタムシ *P. yoshidai* Aoki

23. ツヤナガヒラタホソカタムシ　*Pycnomerus vilis* Sharp, 1885

（図23, 23A）

Pycnomerus vilis Sharp, 1885, p. 77；青木, 2009b, 4 頁，図1B，60 頁，図26E，114 頁，図（115）
Penthelispa vilis：中根, 1950, 1090 頁，第3120図；中根, 1963, 219 頁，第110 図版，図7；佐々治, 1985, 294 頁，第48 図版, 17 図；平野, 1996, 29 頁，写真2．

　体長 2.9-4.3mm．体も脚も紫がかった赤褐色で，細長いががっしりとしている．体表面には強い光沢がある．前胸背はほぼ長方形，前角は小さくとがり，側縁は後方に向かって僅かに狭まる．縁どりは細く，あまり目立たない．前胸背には細かい点刻があるが，中央線に沿った部分だけは平滑である．
　分布：北海道・本州・伊豆諸島（三宅島・八丈島）・小笠原諸島・四国・九州・対馬・屋久島・種子島・トカラ列島・奄美大島・徳之島・沖縄島・石垣島・西表島・与那国島．日本産ホソカタムシの中では最も広い分布を示す．上に記していない島々でも見出される可能性が高い．倒木の樹皮下に見出される．
　撮影標本データ：静岡県河津町下佐ケ野，12-VII-2008，青木淳一採集．

24. アバタツヤナガヒラタホソカタムシ　*Pycnomerus sculptratus* Sharp, 1885

(図 24, 24A)

Pycnomerus sculptratus Sharp, 1885, 77; Löbl & Smetana, 2008, p.79; 青木, 2009a, 4 頁, 図 7；青木, 2009b, 13 頁, 図 5C; 112 頁, 図 (113 頁).
Penthelispa sculptratus: 佐々治, 1985, 294 頁；平野 1996

　体長 3.4-3.6mm. 前種によく似るが，体全体に艶がなく，くすんだ感じ．頭部の点刻は顕著で密．前胸背の前角は側方にやや出っ張るが鋭い角はなく，丸みを帯び，側縁は後方に向かってはっきりと狭まり（図 24A），側縁と後縁の縁どりは明瞭．佐々治 (1985) は本種が前種と同一の可能性があると記しているが，平野（1996）も述べているように，両種は別種とするのが妥当である．
　分布：本州（青森県・神奈川県・三重県・兵庫県淡路島・島根県）・四国（香川県）・対馬・奄美大島；台湾．今後の調査によって分布地は増えるであろうが，今のところ生息地は散在し，採集の難しい種である．枯れ木の樹皮下から発見されるが，前種と違って体に光沢がないので，見つけにくい．
　撮影標本データ：三重県大紀町錦，8-V-1999，生川展行採集．

25. ツチホソカタムシ　*Pycnomerus yoshidai* Aoki, 2011

(図 25, 25A)

Pycnomerus yoshidai Aoki, 2011c, p. 13, figs. 1-2, 3E, 3F.

　体長 2.8-3.4mm. ツヤナガヒラタホソカタムシ属に入れられているが，極めて特異な形態を示す．まず，複眼がないのかと思われるほど小さく退化しており，頭部の後縁に近く前胸背の前縁のすぐ前に，やっと見つかる．頭頂中央には斜め前方に向かう 2 本の角のような彫刻がある．触角の第 10 節は大きく，内方に張り出す．前胸背の前角は小さく鋭く突出し，側縁は途中で湾曲して凹みを作りながら後方へ狭まる．前胸背中央には顕著なヒョウタン形の凹み彫刻がある．上翅の縦隆起線は極めて力強く盛り上がっている．上翅の外縁は先端近くで明瞭な段差を形成する．後翅は完全に退化消失しており，土壌生活に適応した種であることは確かである．
　分布：本州（愛媛県）・四国（徳島県・高知県）・屋久島．徳島県の吉田正隆氏からの通信で土壌表層のサンプルをツルグレン装置にかけたらホソカタムシが採れたという知らせを受けたのは 2010 年であった．筆者が耳を疑ったのは，ホソカタムシはほとんどすべて枯れ木の住人であり，土壌中には生息しないものと信じていたからである．吉田氏は田中光治氏とともに，2003 年に徳島県美郷村で 2 頭，2007 年に徳島県那珂町で 1 頭，2011 年に高知県室戸市で 13 頭を採集し，筆者に提供された．その後になって，愛媛県や屋久島で採集された個体を岡田圭司氏を通じて検することができた．また，最近になって佐野信雄氏が高知県大月町で採集された標本を検する機会を得た．学名の *yoshidai* は吉田正隆氏にちなむ．
　撮影標本データ：高知県室戸市元乙，30-IV-2011，吉田正隆採集（ツルグレン）．

コブゴミムシダマシ科　Zopheridae

23　　　　　　　　24　　　　　　　　25

後方弱く狭まる　23A

後方強く狭まる　24A

凹み彫刻

中央部くびれる　25A

ツヤナガヒラタ
ホソカタムシ

アバタツヤナガヒラタ
ホソカタムシ

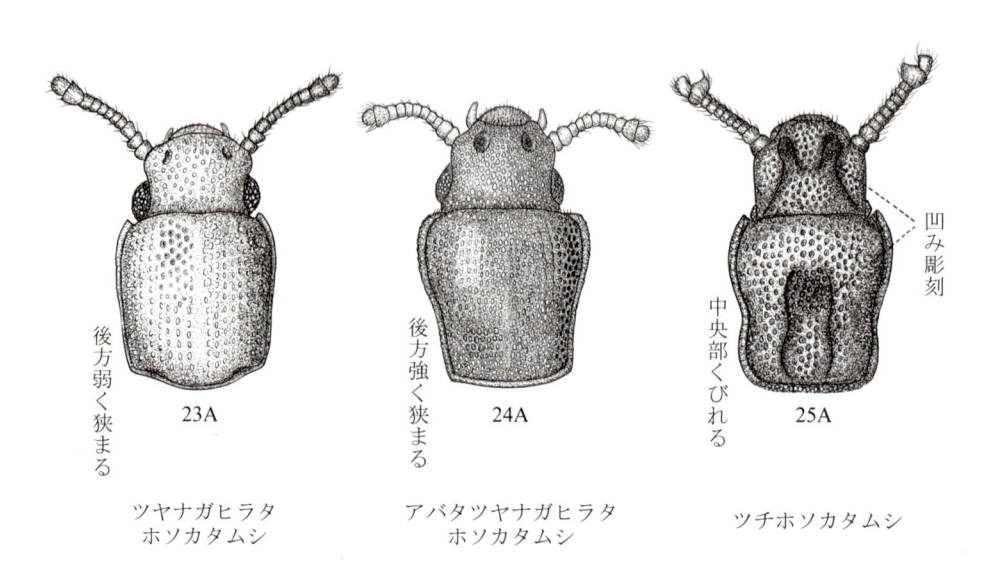

ツチホソカタムシ

図 23A-25A：ツヤナガヒラタホソカタムシ属 *Pycnomerus* の 3 種の頭部・前胸背の比較（前胸背側縁，中央部の彫刻の有無，触角第 10 節の形状に注目）（青木, 2009b ; Aoki, 2011c より）.

コブゴミムシダマシ科　Zopheridae

タマムシモドキ属　Genus *Monomma* Klug, 1833

およそホソカタムシからぬ卵形の姿形をしており，外見上はオオキノコムシと紛らわしい．保育社の図鑑ではタマムシモドキ科 Monommidae を独立させているが，最近の分類ではコブゴミムシダマシ科に編入されている．最大の特徴は複眼で，リボン状に極めて長く，頭頂で左右の複眼が接している．アメリカ大陸とマダガスカルに多くの種を産し，タマムシモドキ属 *Monomma* はマダガスカルだけで約 100 種に達する (Freude, 1984)．わが国には以下の 1 種が知られている．他にもう 1 種，*M. japonicum* Motschulsky, 1861 という種が記録されているが，Freude (1984) の世界のタマムシモドキのモノグラフにも見当たらず，正体不明である．

26. タマムシモドキ　*Monomma glyphysternum* Marseul, 1876

(図 26)

Monomma glyphysternum Marseul, 1876, p. 330.

　体長 5.0-6.0mm．全体につややかな黒色または黒赤褐色．複眼は触角基部の下から背面にかけて細長く伸び，やや膨らみを持ったのち，頭頂の中央で左右の複眼が接する．触角は太く，13 節からなり，末端の 3 節が球桿部を形成する．前胸背は幅が長さの 1.8 倍，前角は明らかに突出するが，先端は丸みを帯びる．平らな側縁は幅狭い．上翅は長さが幅の 1.3 倍，肩部がやや張り，後方へ弱く狭まり，オオキノコムシに似た体形（タマムシには似ていない）．小盾板は三角形．

　タマムシモドキは実は謎の虫である．日本に 2 種が生息することになっているが，原記載以後全く採集されていない．北隆館および保育社の図鑑にはタマムシモドキ科として本種 1 種が掲載されているが，いずれも日本産ではなく台湾産の標本の写真である．現在の分類ではタマムシモドキはコブゴミムシダマシ科に入れられている．なお，日本のタマムシモドキ科については森本 (1992) の記述があり，その中でタマムシにはまったく似ていないことを理由に和名を「オオキノコモドキ」に変更することを提案している．正体不明の虫ながら，注意を喚起するためにあえて本書に採録した．

　分布：九州・琉球列島；中国・台湾・タイ．
　撮影標本データ：タイ国コンケン，2-IX-1997，人桃定洋採集（マンゴーの枯れ木）．

ホソカタムシ亜科　Subfamily Colydiinae Erichson, 1842

ホソカタムシ科がなくなった現在，ホソカタムシの多くの種はこのホソカタムシ亜科の中にまとまって入っている．日本産として20属39種を含む．Masumoto & Akita(2007)は小笠原諸島から得られた種をもとに本亜科の中にSasajiaという属を創設し，ササジホソカタムシ Sasajia hiroyukii を記載したが，これはのちにチビキカワムシ科のOcholissa属のものであることが判明し，ホソカタムシ亜科から取り除かれた（Masumoto & Akita, 2009）．

ルイスホソカタムシ属　Genus *Gempylodes* Pascoe, 1863

ホソカタムシの中で最も細長い体形で，脚も極めて細く長い．脚をそろえてじっと動かないと，植物の破片にしか見えない．日本には1属1種を産するのみ．

27. ルイスホソカタムシ　*Gempylodes ornamentalis* (Reitter, 1878)
(図27)

Mecedanops ornamentalis Reitter, 1878, p. 121.
Gempylodes ornamentalis : Löbl & Smetana, 2008, p.79；青木, 2009b, 116 頁, 図（117 頁）．
Gempylodes lewisi Sharp, 1885, p. 72, pl. 3, fig. 5；中根, 1963, 第 110 図版, 図 9；佐々治, 1985, 第 48 図版, 図 18.

体長 6.5-11.5mm．体の長さは幅の 8.5 倍．体はくすんだ黒色，脚は赤褐色がかった黒色で光沢がある．頭部は細かい点刻におおわれ，頭頂に1対の小さい穴がある．頭部の後方は点刻を欠き，平滑．触角は先端に向かって徐々に太まるため，はっきりした球桿部は認められないが，節の太さ順は I=II=III=IV=V=VI<VII<VIII=IX=X>XI．前胸背は前方 2/3 で両側ほぼ平行，その後方で徐々に狭まり，最後部で再び広がる．中央に細い直線の縦溝がある．各上翅には5本の縦隆起線があり，隆起線 I と II は完全，III と IV は上翅の先端に届かず，逆に V は先端部にのみ走る．脚の付節の長さは前脚では IV>I>II>III, 中脚と後脚では I>IV>II>III の順となる．和名のルイスはイギリスの昆虫学者 G. Lewis で，1880 年代に来日し，新種のもとになる多くの甲虫を採集した．

分布：本州（静岡県・岐阜県・石川県・富山県・福井県・京都府・三重県・奈良県・広島県・山口県）・伊豆諸島（三宅島・御蔵島）・四国・九州・屋久島；台湾・スリランカ．キクイムシの坑道に潜入し，それを捕食するのに適した体形である．

撮影標本データ：東京都三宅島火の山林道, 30-VI-2005, 槙原寛採集.

コブゴミムシダマシ科　Zopheridae

ムネナガホソカタムシ属　Genus *Pseudendestes* Lawrence, 1980

　前種ほどは細長くはないが，全体にかなり細長く，特に長い胸部をもち，特異で異様な姿をしている．オーストラリア，ニュージーランド，インドなど太平洋地域に5種を産し，そのうちの1種が日本に分布する．

28. ムネナガホソカタムシ　*Pseudendestes andrewesi* (Grouvelle, 1908)
（図28, 28A, 28B）

Endestes andrewesi Grouvelle, 1908, p. 4141, pl. 9, fig. 5.
Pseudendestes andrewesi: Lawrence, 1980, p. 299；青木・生川・田中, 2004, 1頁, 図1；青木, 2009a, 4頁, 図8；青木, 2009b, 118頁, 図(119頁).

　体長 4.5-6.5mm．全体にくすんだ黒褐色．頭部は幅広く，前胸背と同じ幅で接合する．触角は11節からなり，先端の3節が他の節よりも幅広いが，球桿部としてははっきりしない（図28A）．前胸背は後方に向かってやや細まり，平面に4本の湾曲した縦隆起線を持ち，中央後方に小さいヒョウタン型の凹みを持つ（図28B）．上翅は中央で弱くくびれ，先端近くで弱く膨らむ．それに伴って，縦隆起線も湾曲する．

　分布：石垣島；インド．原産地はインドであるが，日本では2006年に石垣島於茂登山において田中勇氏によって発見され，その後，西野久雄氏により石垣島野底林道でも再発見された．今のところ他の島や地域では見つかっていない．

　撮影標本データ：石垣島野底林道，27〜30-V-2008，田中勇採集.

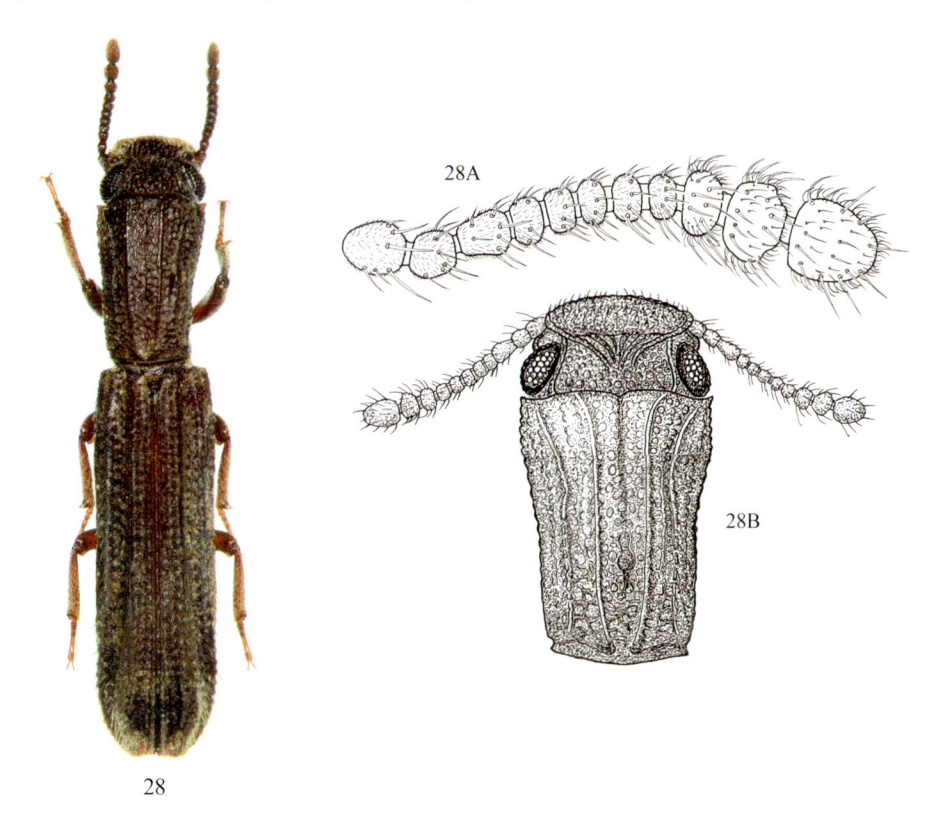

図28A・28B：ムネナガホソカタムシ *Pseudendestes andrewesi* の触角と前胸背（青木・生川・田中, 2008 より）.

コブゴミムシダマシ科　Zopheridae

ノコギリホソカタムシ属　Genus *Endophloeus* Dejean, 1834

全身ギザギザ，トゲトゲ，凸凹のある特徴的なホソカタムシである．世界に6種ほどあり，ヨーロッパ，アメリカ，アジアに広く分布する．日本には1種のみを産する．

29. ノコギリホソカタムシ　*Endophloeus serratus* Sharp, 1885
(図29)

Endophloeus serratus Sharp, 1885, p. 61；中根，1950, 1089頁，第3117図；中根，1963，219頁，第110図版，図2；佐々治，1985, 293頁，第48図版，図12；青木，2009b, 120頁，図(121頁)．

体長 3.5-5.2mm．全身ほぼ黒色に近いが，触角と脚は赤黒褐色，前胸背の側縁の平らな部分，上翅の合わせ目，基部，側縁が黄褐色（生時は赤味が強い）を示す個体も多い．また，分泌物をまとった個体は全身灰色にみえる．体全体に複雑な隆起，突起，顆粒などをまとい，凹凸が激しい．複眼の前上方の張出し突起は顕著．前胸背の側縁の平たん部は幅広く，その前角は大きく前方に突出する．体に生ずる毛は短い棒状で尖らない．

分布：本州（青森県～広島県）・伊豆諸島（御蔵島）・四国（徳島県・愛媛県・高知県）・九州・種子島・屋久島・奄美大島・加計呂麻島・徳之島・沖縄島・石垣島；台湾．わが国で最も普通な，分布の広い種のひとつである．

撮影標本データ：山梨県須玉町琵琶窪沢，1-IX-2002，栗原隆採集．

29

ナガセスジホソカタムシ属　Genus *Bitoma* Herbst, 1793

前胸背も上翅も両側が平行に走り，彫刻が顕著で，もっともホソカタムシらしい形態を示す．日本には長い間1属1種のみが知られていたが，最近になって2種目が静岡県で発見された．

日本産ナガセスジホソカタムシ属 *Bitoma* の種への検索

1(2) 前胸背と上翅は同色；前胸背の両側はほぼ直線的で，後方に向かってわずかに狭まる；前胸背の縦隆起線のうち，内側の1対は前方で二股に分岐する ………………………………………………………………………
　……………………………………………………… ナガセスジホソカタムシ *Bitoma siccana* (Pascoe)
2(1) 前胸背は黒色，上翅の大部分は黄褐色；前胸背の両側は前方に向かって緩くカーブして弱く狭まる；前胸線の縦隆起線のうち，内側の1対は前方で分岐しない ……………………………………………………………
　……………………………………………………… ムナグロナガセスジホソカタムシ *Bitoma sulcata* (LeConte)

コブゴミムシダマシ科　Zopheridae

30. ナガセスジホソカタムシ　*Bitoma siccana* (Pascoe, 1863)

(図 30)

Xuthia siccana Pascoe, 1863, p. 128,pl. 8, fig. 1.
Xuthia rufina Pascoe, 1863, p. 128.
Xuthia maura Pascoe, 1863, p. 128.
Xuthia parallela Sharp, 1885a, p. 70; 1885b, p. 122, pl. , fig. 5.
Bitoma parallela: 中根, 1963, 218 頁, 第 109 図版, 図 17; 佐々治, 1985, 292 頁, 第 48 図版, 図 2.
Bitoma elongata Grouvelle, 1892, p. 296.
Bitoma rufipes Kolbe, 1898, p. 111.
Bitoma siccana: Hetschko, 1930, p. 19; Dajoz, 180, p. 28; Ślipiński, 1985, p. 485; 青木, 2009b, 12 頁, 図 4B, 52 頁, 図 21B, 60 頁, 図 26D, 44 頁, 図 18B, 122 頁, 図(p. 123).

　体長 2.3-3.9mm. 典型的なホソカタムシを 1 種選べと言われたら，迷わずに本種を上げるであろう．細長く，堅く，体の両側の線が平行で，はっきりとした縦隆起線を伴う．体は黒色，触角と脚は赤褐色（稀に上翅全体または肩部が赤褐色の個体がある）．前胸背の内側の 1 対の隆起線は前方で二又に分岐する．触角の先端部は 2 節からなる明瞭な球桿部をもつ．

　本種は様々な環境に適応して生息し，立ち枯れ木でも樹種や枯れ具合にあまりこだわらない．北大東島では海岸沿いに帯状に植栽されたモクマオウの立ち枯れ（他の種は好まない）に極めて多くの個体が生息していた．

　分布：本州（神奈川県以西）・伊豆諸島（利島・大島・三宅島・御蔵島・八丈島）・小笠原諸島・北大東島・四国・九州・下甑島・種子島・屋久島・トカラ列島・奄美大島・徳之島・沖永良部島・沖縄島・久米島・石垣島・西表島・与那国島．本州の関東より南西に分布するが，南へ行くほど多くなる．

　撮影標本データ：伊豆諸島御蔵島長坂，8-VIII-2010，岩間美代子採集.

30

コブゴミムシダマシ科　Zopheridae

31. ムナグロナガセスジホソカタムシ　*Bitoma sulcata* (LeConte, 1858)

(図 31)

Ditoma sulcata LeConte, 1858, p. 63; Horn, 1878, p. 566.
Bitoma sulcata: 青木, 2012, p. figs. 1-2.

　体長 3.0 mm. 頭部，前胸背，上翅の周辺部分は黒色であるが，上翅の大部分の中央部は黄褐色．触角は 11 節からなり，先端の 2 節（X・XI 節）は明らかに幅広いが，その前の IX 節もやや幅広く，触角の球桿部は 2 節か 3 節か，はっきりしない．前胸背は長さよりも幅広く，前方に向かって丸みを帯びて緩やかに狭まる．前胸背の 2 対の縦隆起線のうちの内方の隆起線は前方で二又に分かれることはなく，後方に向かって狭まる．上翅の長さは幅の 2.4 倍．
　分布：本州（静岡県）；北アメリカ．日本では 1990 年，杉本可能氏（旧姓：出口）によって静岡県磐田市において灯火に飛来した 1 頭が採集されたのみで，その後の記録はない．筆者も杉本氏から採集場所を詳しく教えてもらい，2010 年 5 月に徹底的に探しまわったが，ついに本種を発見することはできなかった．
　撮影標本データ：静岡県磐田市新貝，23-VII-1990．杉本可能採集．

31

ユミセスジホソカタムシ属　Genus *Lasconotus* Erichson, 1845

　一見，ナガセスジホソカタムシ属に似るが，前胸背には平坦な縁部がない．日本に 3 種を産するが，どの種も多くない．日本産本属の種については Aoki(2011b) のまとめがある．

日本産ユミセスジホソカタムシ属 *Lasconotus* の種への検索

1(2) 複眼は大きい；触角の球桿部を構成する末端 3 節は同じ幅ではなく，第 IX 節は第 X・XI 節よりも幅狭い；前胸背の前角は角張らない ………… ヒメユミセスジホソカタムシ *L. niponius* (Lewis)
2(1) 複眼は普通の大きさ；触角の球桿部を構成する末端 3 節は同じ幅；前胸背の前角は多少とも突出する
3(4) 前胸背の縦隆起線は弱く，ぼんやりとしている；上翅の縦隆起線は直線的 ……………………………………………………………………………………… オカダユミセスジホソカタムシ *L. okadai* Aoki
4(3) 前胸背の縦隆起線は強く顕著；上翅の縦隆起線はたわみ，湾曲する ……………………………………………………………………………………………… ユミセスジホソカタムシ *L. sculptratus* (Sharp)

コブゴミムシダマシ科　Zopheridae

32. ヒメユミセスジホソカタムシ　*Lasconotus niponius* (Lewis, 1879)

（図 32, 32A, 32 B）

Xuthia niponia Lewis, 1879, p. 462.
Bitoma niponica Sharp：中根, 1963, p. 218 頁, 第 109 図版, 18 図.
Bitoma niponica (Sharp)：多比良嘉晃・出口可能, 1984, 60 頁.
Bitoma niponia：生川, 2000, 1 頁, 第 1 図版, 図 1.
Lasconotus niponius：Ślipiński & Schuh, 2008, p. 83; Aoki, 2011b, p. 97, figs. 1-2.
Lasconotus sp.：青木, 2009b, 73 頁, 図 32A

　体長 2.1-2.8mm. 体は細長く暗赤褐色, 触角と脚は黄褐色. 頭盾の前縁は直線的. 複眼は大きく, その長さは頭の長さの半分を占める. 触角の末端 2 節（X・XI 節）は明らかに大きく球桿部をなすが, その前の IX 節もやや大きく, 球桿部が 2 節か 3 節かわかりにくい（図32A）. 前胸背は幅よりわずかに長く, 前角はなだらかで突出せず, 後角は約 120 度で鈍角. 旧称：ヒメナガセスジホソカタムシ.
　分布：本州（石川県・福井県・三重県・奈良県・岡山県）・四国（香川県・徳島県）・九州（長崎県）・口永良部島. 青木（2009b, 124-125 頁）では本種の学名の基に解説を記してあるが, そこに掲載した図は本種ではなく, 次種オカダユミセスジホソカタムシのものであり, 解説文も分布図も 2 種が入り混じったものであった. Aoki(2011b)は 2 種の混同に気付き, それらを別個の種として記載し区別した. 2 種の分布も判然と異なり, 本種は日本の西半分に, 次種は日本の中部に生息することが分かった.
　撮影標本データ：三重県鈴鹿市磯山海岸, 14-VI-2009, 青木淳一採集.

33. オカダユミセスジホソカタムシ　*Lasconotus okadai* Aoki, 2011

（図 33, 33A, 33B）

Bitoma niponia (Lewis)：佐々治, 1985, 292 頁, 第 48 図版, 図 1.
Lasconotus niponius (Lewis) (部分)：青木, 2009a, 124 頁, 図（125 頁）
Lasconotus okadai Aoki, 2011b, p. 99, figs.3-4
Lasconotus sp.：鈴木, 2004a, 27 頁, 図 11.

　体長 2.5-3.2mm. 体は炭黒色, 触角と脚は暗赤褐色. 頭盾の前縁は丸みを帯びる. 複眼は小さく, 離れている. 触角の球桿部は明らかに 3 節からなっている. 前胸背の前角は小さいながら明らかに角張って突出しており, 後角はほぼ直角. 前胸背の縦隆起線の内方の対はなだらかな隆起となって目立たない.
　本種と前種は長い間混同されてきた. 両方ともヒメナガセスジホソカタムシという和名で呼ばれたが, 北隆館の中根 (1963) 分担執筆の「原色昆虫大図鑑 II（甲虫篇）」(p.218) では *Bitoma niponica* Sharp, 保育社の佐々治 (1985) 分担執筆の「原色日本甲虫図鑑(III)」(p.292) では *Bitoma niponia* (Lewis) という学名が与えられていた（種小名も命名者も異なる）. ところが, 両方の図鑑の写真を見ると同種とは思えぬほど明らかに異なっていた. 結論から言うと, 写真は中根 (1963) が正しく, 学名は佐々治 (1985) が正しい. では, 佐々治 (1985) の写真に使われた種は何者かと言うことになるが, これが新種と判明され, のちに Aoki(2011) によって本種として記載されることになったものである.
　分布：本州（茨城県・群馬県・東京都・神奈川県・静岡県・京都府・福岡県）. 関東地方を中心に分布する種であるが, 京都の芦生にも生息し, さらに城戸克弥氏により福岡県の古処山および英彦山山系の岳滅鬼山（がくめきさん）でも発見されたのは意外であった.
　撮影標本データ：京都府美山京都大学研究林, 31-V-2010, 青木淳一採集.

コブゴミムシダマシ科　Zopheridae

32　33

32A　末端2節より小
33A　末端2節と同大

32B　大きな複眼　明瞭な縦隆起
33B　小さな複眼　不明瞭な縦隆起

ヒメユミセスジホソカタムシ　　オカダユミセスジホソカタムシ

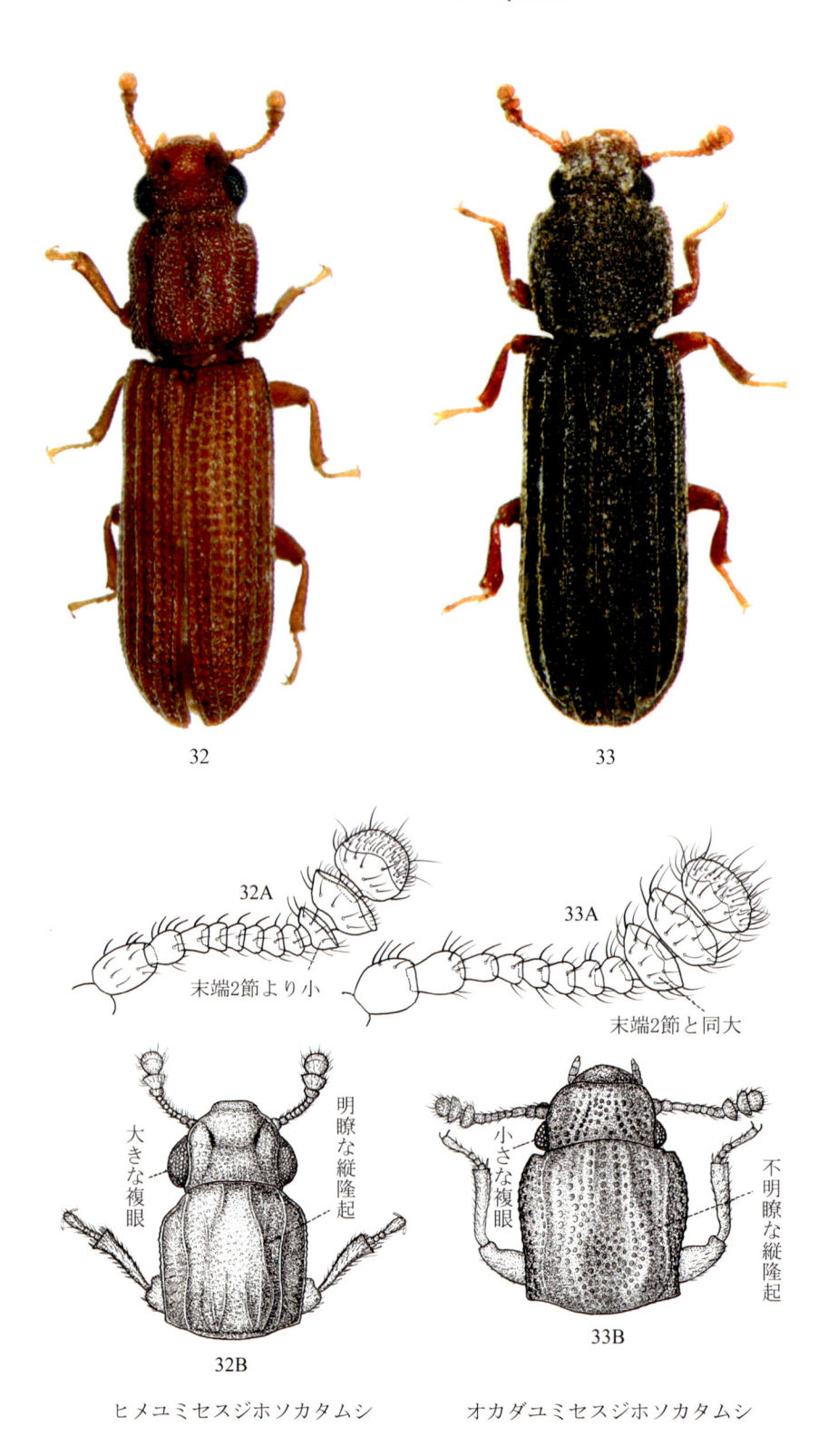

図32A・33A：ユミセスジホソカタムシ属 *Lasconotus* の2種の触角の比較（末端から3節目の節の大きさに注目）；32B・33B：同，頭胸部の比較（複眼の大きさ，前胸背の縦隆起の明瞭さに注目）(Aoki, 2011b より).

コブゴミムシダマシ科　Zopheridae

34. ユミセスジホソカタムシ　*Lasconotus sculptratus* (Sharp, 1885)

（図 34, 34A, 34B）

Ithris sculptrata Sharp, 1885, p. 72, pl. 3, fig. 4.
Lasconotus sculptratus: Löbl & Smetana, 2008, p. 83; 佐々治, 1985, 219 頁（検索表）; 青木, 2009a, 7 頁, 図 10; 青木, 2009b, 126 頁, 図 (p. 127).

　体長 2.5mm. 全体炭黒色. 頭は平たく広く, 側縁がめくれあがる. 触角の球桿部は 3 節からなる. 前胸背は長さよりもやや幅広く, 側縁はほぼ直線的で, わずかにふくらむ. 背面には 2 対の縦隆起があり, 内方の 1 対は中央で外側に膨らみ, 後方で相寄って平行になり, 後縁で左右がつながる. 上翅には 5 本の縦隆起があり, 第 1, 第 5 条は翅端に真っ直ぐに届き, 第 2, 第 3 条は先端に近いところで外側に強くカーブしており, 第 4 条は中途で消滅する. 上翅の最大幅は後方近くにある.

　分布：九州・対馬・奄美大島. 稀.
　撮影標本データ：対馬竜良山登山口付近, 24-VII-2011, 弘世貴久採集（灯火 FIT）.

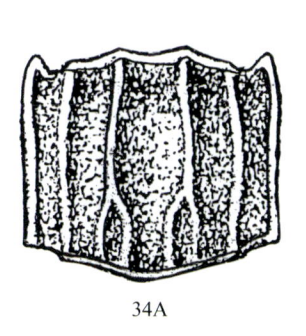

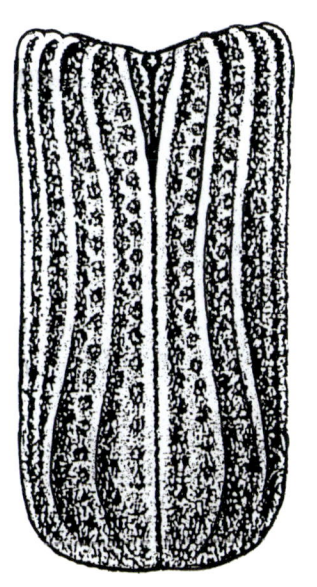

図 34A-34B：ユミセスジホソカタムシ *Lasconotus sculptratus* (Sharp)；34A：前胸背；34B：上翅（Sharp, 1885 より）.

コブゴミムシダマシ科　Zopheridae

ヒメホソカタムシ属　Genus *Microprius* Fairmaire, 1869

小型で細長く色の淡いホソカタムシで，体は軟弱で標本はこわれやすい．アジア太平洋地域には7種ほどが知られるが，日本には1種のみが分布する．

35. ツヤケシヒメホソカタムシ　*Microprius opacus* (Sharp, 1885)
（図35）

Trionus opacus Sharp, 1885a, p. 70; 1885b, p. 122, pl. 6, fig. 4.
Microprius opacus：中根, 1950, 1088頁, 第3116図；中根, 1963, 218頁, 第109図版, 19；佐々治, 1985, 292頁, 第48図版, 図3；青木, 2009b, p. 128, 図 (p. 129)

体長2.2-3.4mm．体は艶のない淡紫褐色，細長く扁平，両側平行．体全体がもろくて壊れやすい．触角の球桿部は明瞭な2節．前胸背の前角・後角ともに鋭く角張り，背面に2対の縦隆起線，その間後方に×印の形をした隆起線があるのが特徴．上翅の縦隆起線の間はしわ状に見える．

分布：本州（栃木県より南西）・四国・九州・対馬・下甑島・屋久島・奄美大島；フィリピン・スリランカ・インド・ネパール．本種は本州では関東以西に分布するが，太平洋側に沿って生息し，日本海側の新潟・富山・石川・福井・鳥取・島根・山口の各県からは記録されていない．あたかも生物地理学で言う「本州南岸線」に沿った分布の様相を示している．また，他のホソカタムシの生息が困難なような都市環境にも生息する．たとえば，東京都心部の新宿御苑，小石川植物園，皇居の吹上御苑などにも多数生息している．

撮影標本データ：鹿児島県霧島市溝辺〜横川，9-VII-2009，青木淳一採集．

35

ヘリビロホソカタムシ属　Genus *Phormesa* Pascoe, 1863

日本からはごく最近確認された属（青木，2011）．最大の特徴は前胸背の両側が幅広く扁平になり，その外縁が大きく波打ち，あたかもライオンのたてがみのような印象を与える．インドに多く，オーストラリアを含めて10種近くを産する．

36. ヘリビロホソカタムシ　*Phormesa lunaris* Pascoe, 1863

（図36）

Phormesa lunaris Pascoe, 1863, p. 32, fig. 6; Carter & Zeck, 1937, p. 189(key); Aoki, 2011e, p. 25, fig. 1.

体長 3.4mm．体は幅広く扁平，灰黒褐色，上翅の斑紋は淡黄褐色．触角は11節，球桿部は明瞭な2節からなる．複眼は大きい．前胸背の側縁は扁平に大きく張り出し，外縁は大きく波打ち，前角は鋭く顕著に前方に突出する．前胸背には2対の縦隆起線があるが，外方の1対は中途で途切れ，内方の1対は後方で輪っかを作る．上翅には縦に並ぶ3個の薄ぼんやりとした黄褐色の斑紋があり，中央のものが半月形であることから*lunaris*（月の）という学名がつけられたと思われる．

分布：小笠原諸島（硫黄島）；インド・ニューギニア．わが国から記録されたのはごく最近であるが，採集されたのは古く，1976年にカミキリムシの専門家草間慶一博士によって硫黄島で採られたものを杉本可能氏（旧姓：出口）が譲り受け，のちに杉本氏のご厚意で筆者の手に渡ったものである．

筆者のニューギニア（西パプア）での採集経験によれば，本種は当地の低地から高地に至るまで広い範囲に生息し，立ち枯れ木のフォッギングやビーテイングで多数の個体が得られ，西パプアのホソカタムシの中では最も普通な種のように思われた．

撮影標本データ：小笠原諸島硫黄島, 25-IV-1976, 草間慶一採集．

36

コブゴミムシダマシ科　Zopheridae

ヒラタサシゲホソカタムシ属　Genus *Cerchanotus* Erichson, 1845

体は平たく細長く，両側平行，毛を密生し，感じのよい姿形をしている．中国・インド・ネパール・ブータンなどに2種を産し，日本にはそのうちの1種が分布する．

37. ヒラタサシゲホソカタムシ　*Cerchanotus orientalis* (Ślipiński, 1985)
（図37）

Syntarsus orientalis Ślipiński, 1985, p. 183.
Aspercodes ogasawarensis Nakane, 1990, p. 66, pl. 8, figs. 9, 9A.
Cerchanotus ogasawarensis: Ślipiński & Lawrence, 1997, p. 367.
Cerchanotus orientalis: Ślipiński & Lawrence, 1997, p. 368, fig. 494；青木, 2009a, 5頁, 図10；青木, 2009b, 60頁, 図26B, 130頁, 図（131頁）．

体長2.6-2.9mm．体は明るい赤褐色，前胸背と上翅の背面の中央部が完全に平らになっている．彫刻は細かく，短い毛を密生する．触角は11節，球桿部は2節，第X節は末端節よりも明らかに幅広い．

分布：小笠原諸島（父島・母島）・石垣島・西表島；スマトラ・インド・ネパール・ブータン．わが国では小笠原諸島のみに分布すると思われていたが，1999年に高橋敬一氏により石垣島で，2009年に鈴木亙氏により西表島で発見された．

撮影標本データ：石垣島赤石, 20-IX-1998. 高橋敬一採集．

37

サシゲホソカタムシ属　Genus *Neotrichus* Sharp, 1885

体は細長いが厚みがあり，両側平行，体表がギザギザした感じ．インド・台湾・日本などアジア地域に5種を産するが，そのうち3種が日本に分布する．日本産本属の種についてはAoki (2009c) のまとめがある．

日本産サシゲホソカタムシ属 *Neotrichus* の種への検索

1(2) 前胸背はなめらかに弱く膨らみ，凹凸はない ……… ノコムネホソカタムシ *N. serraticollis* Sasaji
2(1) 前胸背には隆起やへこみなどの凹凸がある
3(4) 前胸背は明らかに前方で幅広く後方で幅狭くなり，中央の凹みは弱い；側縁の鋸歯の突出は大きい；触角の末端節は横長 ………………………………………… サシゲホソカタムシ *N. hispidus* Sharp
4(3) 前胸背は両側ほぼ平行，後方に向かってわずかに狭まり，中央の凹みは深い；側縁の鋸歯は細かい；触角の末端節は丸っこい ……………………………………… ヘコムネホソカタムシ *N. cavatus* Aoki

コブゴミムシダマシ科　Zopheridae

38. サシゲホソカタムシ　*Neotrichus hispidus* Sharp, 1885

(図 38, 38A, 38B, 38C)

Neotrichus hispidus Sharp, 1885, p. 61, pl.3, fig. 1；中根, 1963, 219 頁, 第 110 図版, 図 1；佐々治, 1985, 293 頁, 第 48 図版, 図 11；青木, 2009b, 40 頁, 図 15B, 132 頁, 図（133 頁）.

　体長 3.5-5.0mm. 体は艶のない黒褐色, 細いが厚みがあり, 全体にギザギザ, トゲトゲした感じがある. 触角の先端 2 節は明らかに幅広く球桿を形成し, 末端節は横長で前縁は直線的（図 38A）. 触角第 3 節は第 4 節・5 節の合計長よりも短い. 前胸背の側縁前方が粗い鋸歯によって強く側方に張り出し, 毛を生ずる. 前胸背は後方に向かって狭まり, 鋸歯も小さくなっていく. 前胸背中央には縦長の浅いへこみがある. その両側後方も浅く凹む. 体毛は先の丸い筆穂状.
　分布：本州・伊豆諸島（御蔵島）・小笠原諸島（母島）・四国（徳島県・愛媛県・高知県）・九州・対馬・屋久島・石垣島. 菌類の生じた倒木を好むようである.
　撮影標本データ：山形県大蔵村肘折温泉北方, 21-IV-2009, 青木淳一採集.

39. ノコムネホソカタムシ　*Neotrichus serraticollis* Sasaji, 1986

(図 39, 39A, 39B, 39C)

Neotrichus serraticollis Sasaji, 1986, p. 246, fig. 2A；青木, 2009a, 17 頁, 図 16；青木, 2009b, 19 頁, 図 20B, 134 頁, 図 (135 頁).

　体長 2.9-4.4mm. 前種に似るが, 前胸背の両側の鋸歯はほぼ同じ大きさで, 前方のものが大きく突出することはなく, 側縁は直線的でほぼ平行, 後方に向かってわずかに狭まる. 前胸背の表面はなだらかに弱く膨らみ, 顕著な凹凸はない. 触角の第 3 節は第 4 節＋第 5 節よりも短い. 上翅の毛は先端の丸い筆穂状である（図 39C）.
　分布：宮古島・石垣島・西表島. 前種が広い分布を示すのに対し, 本種は日本の亜熱帯域, しかも蜂須賀線よりも南に分布するようである.
　撮影標本データ：西表島大富自然観察路, 24-X-1996, 平野幸彦採集.

40. ヘコムネホソカタムシ　*Neotrichus cavatus* Aoki, 2009

(図 40, 40A, 40B, 40C)

Neotrichus cavatus Aoki, 2009c, p. 143, figs. 1-2.

　体長 2.7-4.5mm. 前種に極めてよく似るが, 前胸背の中央にはかなりはきりとした凹みがあり, その凹みは不明瞭ながら四方八方へ放射状に延びている. 上翅は肩部の内側で弱く盛り上がっている. 上翅に生ずる毛は前種のものよりもはるかに太い（図 40C）. 中胸腹板, 後胸腹板および腹板に散布される凹孔は, 前種では円形であるが, 本種では縦長の長卵形である.
　分布：小笠原諸島（母島）. キクイムシの穿孔が多数ある立ち枯れ木から多くの個体が得られた. 父島にも生息すると思われるが, 見つかっていない.
　撮影標本データ：小笠原母島桑の木山, 24-X-2008, 青木淳一採集.

コブゴミムシダマシ科　Zopheridae

38　39　40

横長

細長い

38A　38B　39A　39B　40A　40B

38C　39C　40C

サシゲホソカタムシ　ノコムネホソカタムシ　ヘコムネホソカタムシ

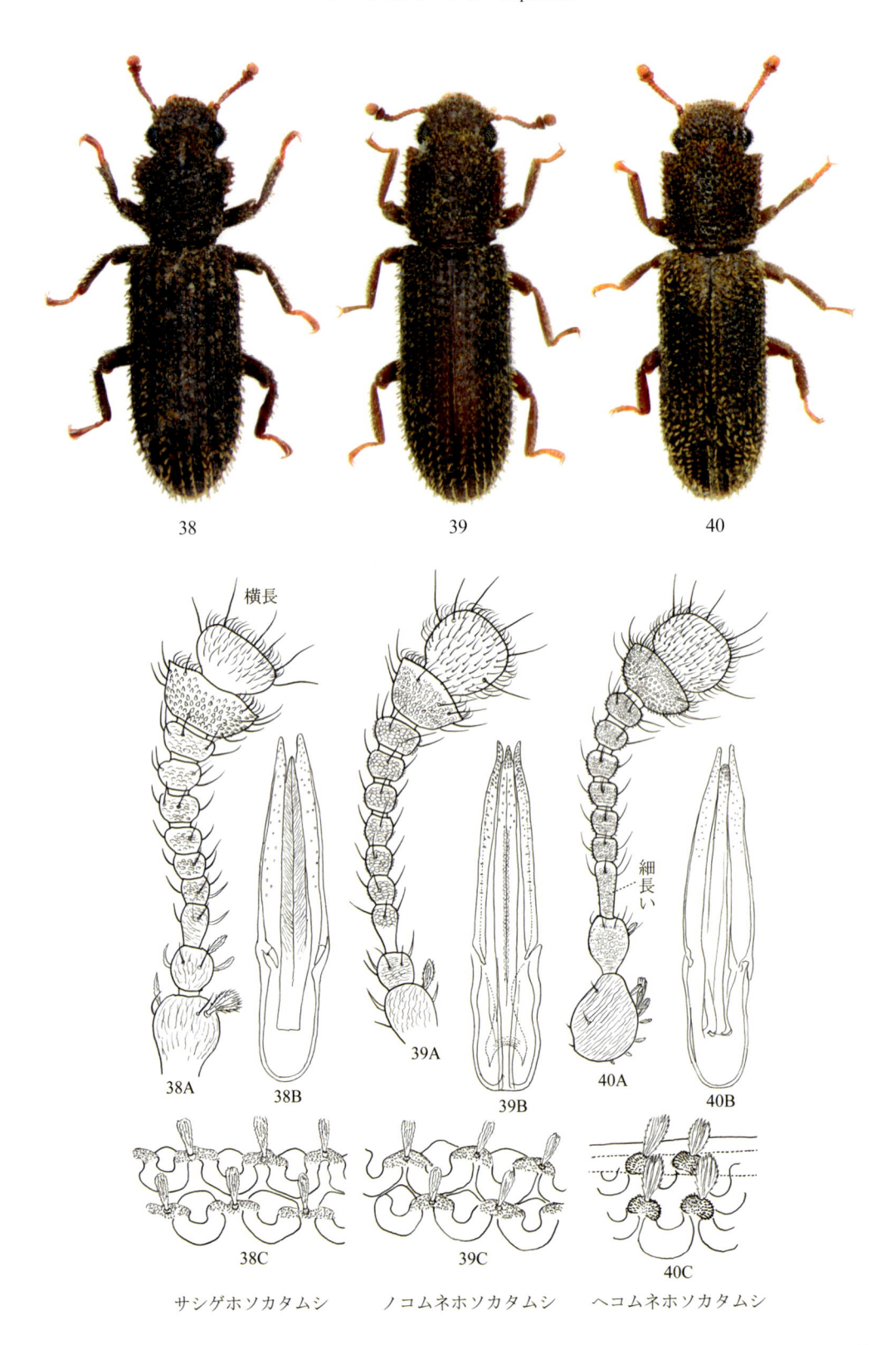

図38A-40A：サシゲホソカタムシ属 *Neotrichus* の3種の触角の比較（第3節と末節の形に注目）；38B-40B：同，雄交尾器の比較；38C-40C：同，上翅の隆起線上の瘤と鱗毛の比較（Aoki, 2009c より）．

ダルマチビホソカタムシ属　Genus *Pseudotarphius* Wollaston, 1873

体形はホソカタムシにしては珍しく，丸っこいヒョウタン形．アジア地域のブータン，台湾，日本に2種を産し，日本にはそのうちの1種が知られている．

41. ダルマチビホソカタムシ　*Pseudotarphius lewisi* Wollaston, 1873
（図41）

Pseudotarphius lewisi Wollaston, 1873, p. 4.
Pseudotarphius lewisi：中根, 1963, 219頁, 第110図版, 図5；青木, 2009b, 138頁, 図139頁).

体長 1.8-3.1mm. 全体黒色，触角だけが赤黒褐色．胴体は丸っこく，強くくびれ，前胸背の幅は長さの1.5倍，上翅は幅よりもやや長いくらいで先端がやや尖る．触角は10節からなり，末端の第10節は極端に大きく丸く，湾曲した線によって前後に区分され，第9節の5倍の長さ，3倍の幅がある．上翅の毛は曲がった短い棒状，黒色のものと白色のものが混ざる．ところどころで白色の毛が塊をなし，上翅の前方では縦長の，後方では丸い斑紋を形成する．

分布：本州（広島県）・四国（香川県・高知県）・九州・屋久島・種子島・トカラ列島・奄美大島・加計呂麻島・徳之島・沖縄島．石垣島・与那国島；台湾．本州では稀であるが南の島々では極めて普通に生息する．

撮影標本データ：徳之島手々林道, 15-III-2009, 栗原隆採集．

41

ヒサゴホソカタムシ属　Genus *Glyphocryptus* Sharp, 1885

胴体がくびれていることで，一見前属に似るが，それほど丸っこくなく，上翅は幅よりもずっと長く，前属のような白い斑紋はない．日本固有の属として，1種のみが知られていたが，最近の研究により，日本には3種，台湾に1種がいることが分かった（Aoki & Okada, 2011）．

日本産ヒサゴホソカタムシ属 *Glyphocryptus* の種への検索

1(2) 前胸背は比較的長く，後方に向かって強く狭まり，前角は鋭く突出する；複眼上の毛はまばら（10〜12本）……………………………………………………………… ヒサゴホソカタムシ *G. brevicollis* Sharp
2(1) 前胸背は横長，前角は鋭く突出しない；複眼上の毛は密（18〜37本）
3(4) 上翅は細長い（長さ／幅＝1.56〜1.61）；触角末端節の基半は半卵形；体長2.8-3.4mm ……………………………………………………………… ホソヒサゴホソカタムシ *G. toyoshimai* Aoki et Okada
4(3) 上翅は太い（長／さ幅＝1.43〜1.55）；触角末端節の基半は三角形；体長4.1-4.8mm ……………………………………………………………… オオヒサゴホソカタムシ *G. grandis* Aoki et Okada

42. ヒサゴホソカタムシ　*Glyphocryptus brevicollis* Sharp, 1885

(図42, 42A, 42B, 42C)

Glyphocryptus breicollis Sharp, 1885, p. 64；中根, 1963, 219頁, 第110図版, 図4；佐々治, 1985, 294頁, 第48図版, 図13；Aoki & Okada, 2011, p. 243, figs.1A-6A.

体長 2.4-3.0mm. 全体に黒褐色であるが, 赤褐色の個体もある. ヒサゴホソカタムシ属の中では最も普通な種であるが, 前胸背は前角が強く前方に突出し, 側縁が後方に向かってかなり強く狭まっているので, 同属の他種から区別される. 触角は10節からなり, 末端節は卵形で横溝によって二分される. 複眼の毛は少なく7～8本しかない. 腹板前突起は幅広くなだらか, 腹板上の毛は細く長く, 先がとがり, 比較的まばらに生える.

分布：本州（福島県より南西）・伊豆諸島（三宅島・御蔵島）・四国・九州・福江島・対馬・種子島・屋久島・奄美大島・沖縄島・西表島；台湾. 他の種と異なり, 細い枯れ枝にいることが多い.

撮影標本データ：徳島県徳島市如意輪寺, 19-VII-2010, 青木淳一採集.

43. ホソヒサゴホソカタムシ　*Glyphocryptus toyoshimai* Aoki et Okada, 2011

(図43, 43A, 43B, 43C)

Glyphocryptus toyoshimai Aoki & Okada, 2011, p. 246, figs. 1B~6B.

体長 2.8-3.4mm. 前種に似るが, 全体に細長い感じがする. 実際に測定してみると, 上翅の長さ／幅＝1.56～1.61（前種では1.5前後）である. 前胸背の幅は長さの1.55～1.67倍（原記載の中で1.55～1.67 times as long as wide と記したが, as wide as long の誤り）. 前種との区別が難しいが, 上翅の形を見ると, 前種では両側縁が中膨れであるが, 本種では基部2／3がほぼ平行である. 触角の末端節は長卵形, 横溝によって二分される. 複眼に生ずる太い毛は数が多く, 25本以上. 腹板前突起かなり強く突出し, 腹板上の毛は短く細い剣状で密生する. 学名の *toyoshimai* は2001年と2004年に岐阜県で本種を採集し, 筆者に初めて標本を提供された豊島健太郎氏にちなむ.

分布：本州（静岡県・岐阜県）・四国（徳島県）. 岐阜県の標本をもとに記載されたが, その後静岡県でも杉本可能氏によって発見された. 本種はさらに遡り1970年に酒井雅博博士および友国雅章博士によって徳島県の剣山でも採集されていることがわかった. 3県とも山岳地帯で採集されている.

撮影標本データ：岐阜県大野郡宮村湯屋ヌクイ谷, 28-VII-2001, 豊島健太郎採集.

44. オオヒサゴホソカタムシ　*Glyphocryptus grandis* Aoki et Okada, 2011

(図44, 44A, 44B, 44C)

Glyphocryptus grandis Aoki & Okada, 2011

体長 4.1-4.8mm. 前2種によく似るが, 明らかに大型であるので一見して区別できる（体長4mm以上ならば本種と思ってもよい）. さらに, 前胸背が幅広く, 幅は長さの1.7倍以上ある（原記載で1.72 times as long as wide と記したが, これは 1.72 times as wide as long の間違い）. 触角末端節は横溝によって二分され, 前半は梯形, 後半は三角形. 複眼に生ずる毛は多く密生し, 数は30本以上. 腹板前突起は先端が鈍く, 腹板上の毛は短い剣状で, 非常に密生する.

分布：対馬. 古くは1968年に酒井雅博博士, 伊賀氏によって有明山で採集され, のちに1988年に今村隆一氏によって厳原で, 1989年・1991年に蟹江昇氏によって厳原および竜良山で, 1995年に相田和博氏によって御嶽で, 2010年に筆者によって目保呂ダムで採集されている. 今のところ対馬以外からは知られていないが, 壱岐にも生息する可能性がある.

撮影標本データ：対馬仁田～目保呂ダム間, 10-IV-2010, 青木淳一採集.

コブゴミムシダマシ科　Zopheridae

42　　　　　　　　　　43　　　　　　　　　　44

42A ヒサゴホソカタムシ
42B
42C

43A ホソヒサゴホソカタムシ
43B
43C　三角形　梯形

44A オオヒサゴホソカタムシ
44B
44C

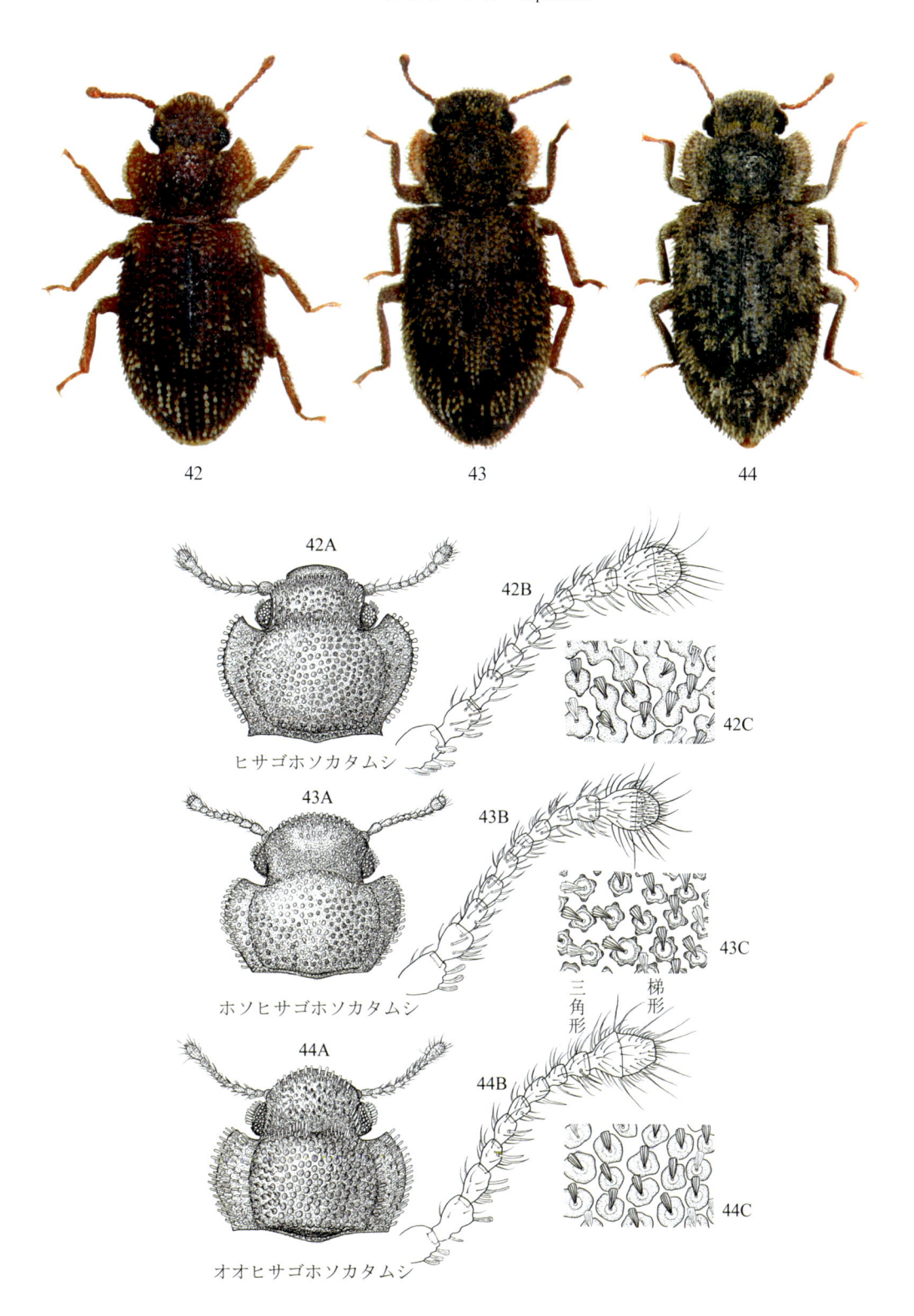

図42A-44A：ヒサゴホソカタムシ属 *Glyphocryptus* の3種の頭部・前胸背の比較（前胸背側縁のすぼみ具合に注目）；42B-44B：同，触角の比較（球桿部の形に注目）；42C-44C：同，上翅の表面の比較（鱗毛と基小板の形状に注目）（Aoki & Okada, 2011 より）．

コブゴミムシダマシ科　Zopheridae

マメヒラタホソカタムシ属　**Genus *Acolophus* Sharp, 1885**

　オニヒラタホソカタムシ属やヒラタホソカタムシ属によく似るが，全体にずんぐりとし，上翅の外縁の平坦部は極めて細く目立たない．日本固有の1属1種である．

45. マメヒラタホソカタムシ　*Acolophus debilis* Sharp, 1885

(図45)

Acolophus debilis Sharp, 1885, p. 66；佐々治, 1985, 293 頁, 第48図版, 図10；青木,2009b, 142 頁, 図 (143頁).

　体長　2.2-2.6mm.体は灰褐色，触角，脚，前胸背の側縁は黄褐色．頭部は比較的大きく，触角の球桿部は大きく明瞭，卵形で横溝によって二分される．前胸背の前角ははっきりと突出するが，先端は丸い．前胸背表面は網目状構造で，中央に1対の浅く丸いへこみがあり，全体に丸っこく短い毛を生ずる．上翅の長さは幅の1.5倍，背毛は先端が丸く，滴形．
　分布：本州（茨城県・群馬県・神奈川県・静岡県・福井県・京都府・岡山県）・四国（愛媛県）・九州（大分県）・対馬．関西地方には普通であるが，関東では少ない．青森県小泊村での記録があるが，疑問である．
　撮影標本データ：大阪府豊能郡能勢町深山，2-VI-2004，田中勇採集．

45

オニヒラタホソカタムシ属　**Genus *Bolcocius* Dajoz, 1975**

　次属ヒラタホソカタムシ *Colobicus* とともに，よく見かける平たく小判形のホソカタムシ．触角は11節，末端の球桿部は明瞭な2節からなる．触角第3節が続く2節をたした長さ（第4節＋第5節）よりも短いことで（図46A, 47A, 48A）ヒラタホソカタムシ属と区別される．アジアのブータン・インド・中国・日本に6種を産し，そのうちの3種が日本に分布する．日本産の本属および次属の種については Sasaji(1984) のまとめがある．

　日本産オニヒラタホソカタムシ属 *Bolcocius* の種への検索

1(2) 背毛は長く，先端が鋭くとがる；上翅の顆粒の縦列は強くジグザグになる；前胸背の後縁は強く後方に膨らむ；体長 4.1-5.5mm ……………………… オニヒラタホソカタムシ *B. granulosus* (Sharp)
2(1) 背毛は短く，先端が丸い；上翅の顆粒の縦列は真っ直ぐか弱く曲がる；前胸背の後縁は弱く膨らむ
3(4) 頭盾の側縁は基半部でほぼ平行；前胸背の側縁は弱く弧を描き，基部に近いところで最大幅を示し，前方へ向かって急に狭まる；体長 3.5-4.4mm ………… コヒラタホソカタムシ *B. shibatai* Sasaji
4(3) 頭盾の側縁は強く張り出す；前胸背の側縁は強く弧を描き，中央の少し後方で最大幅を示し，前方に向かって弱く狭まる；体長3.4-4.0mm …… ヤエヤマコヒラタホソカタムシ *B. yaeyamensis* Sasaji

コブゴミムシダマシ科　Zopheridae

46. オニヒラタホソカタムシ　*Bolcocius granulosus* (Sharp, 1885)
(図46, 46A)

Colobicus granulosus Sharp, 1885, p. 65.
Bolcocius granulosus: Sasaji, 1984, p. 38, figs. 4K, 5D, 6E, 7E；佐々治, 1985, 293 頁, 第 48 図版, 図 7；青木, 2009b, 41 頁, 図 16C, 144 頁, 図 (145 頁).

　体長 4.1-5.5mm. 本属の中で最も大型な種. 体長が 5mm 以上あれば, まず本種に間違いない. 体は黒色, 触角, 脚, 体の縁の部分は赤褐色. 上翅の顆粒は縦に数珠状に連なっているが, それがクネクネと不規則に曲がり, ところどころ横にもつながる. 決定的なのは体毛の形と長さで, 上翅の側縁の毛を見ると, それは細く長く先端が鋭くとがり, 次の毛の基部を超えて伸びる.
　分布：本州（茨城県・群馬県・奈良県・兵庫県）・四国（愛媛県）・九州（福岡県・熊本県）・対馬；中国. 分布域は茨城県より南西と比較的広いが, やたらに採れる種ではない.
　撮影標本データ：青森県十和田湖町蔦沼林道, 1-IX-2007, 尾崎俊寛採集.

47. コヒラタホソカタムシ　*Bolcocius shibatai* Sasaji, 1984
(図47, 47A)

Bolcocius shibatai Sasaji, 1984, p. 39, igs 4C, 5E, 6D, 7F, 7G；佐々治, 1985, 293 頁, 第 48 図版, 図 8；青木, 2009b, 146 頁, 図 (147 頁).

　体長 3.5-4.4mm. 小型であり, 体毛が短く先端が丸いことで前種オニヒラタホソカタムシとは容易に区別できるが, 次種との区別が非常に難しい. Sasaji (1984) によれば, 前胸背の側縁の最大幅の位置と頭盾の形で区別できるというが, 第 1 点での違いは非常に微妙で, 区別点として役に立たない. 第 2 点の頭盾の形のほうが役立つ. すなわち, 本種では両側が平行に近く全体が角張って見えるが, 次種では両側が丸く出っ張り全体が丸みを帯びて見えるのである.
　分布：九州・屋久島・種子島・トカラ列島・奄美大島・徳之島. コヒラタホソカタムシとヤエヤマコヒラタホソカタムシの区別が困難なため, 今までの分布情報も確かなものとは言えず, 今のところの筆者の考えでは本種は九州から奄美諸島まで, 次種は沖縄諸島から八重山諸島まで分布するものと判断している.
　撮影標本データ：徳之島町手々, 16-III-2009, 栗原隆採集.

コブゴミムシダマシ科　Zopheridae

48. ヤエヤマコヒラタホソカタムシ　*Bolcocius yaeyamensis* Sasaji, 1984

（図48, 48A）

Bolcocius yaeyamensis Sasaji, 1984, p. 41, figs. 4J, 5G, 6F, 7H ; 佐々治, 1985, 293頁.

体長 3.4-4.0mm. 前種ときわめてよく似ており，区別点は上記のとおりである．その他，上翅の外縁が幅狭いことも違いに数えられるかもしれない．頭盾の形の違いでかろうじて識別できるが，両種は同種である可能性も捨てきれない．

分布：沖縄島・久米島・石垣島・西表島．沖縄島と久米島のものがどちらの種になるかは更に研究する必要がある．

撮影標本データ：石垣島屋良部岳, 10-X-2009, 青木淳一採集.

48

ヒラタホソカタムシ属　Genus *Colobicus* Latreille, 1807

外見上はオニヒラタホソカタムシ属にそっくりであるが，決め手になる区別点が一つある．それは触角第3節の長さである．本属では第3節が目立って長く，それに続く第4節と第5節を足した合計長よりも明らかに長い（図49A, 50A）（オニヒラタホソカタムシ属では，短い）．ヨーロッパ・アジア地域に広く分布し，約16種が知られており，日本には2種が生息する．

Sasaji(1984)はヒラタホソカタムシ属の2種と前属のオニヒラタホソカタムシ属の4種（台湾産の1種を含む）について詳しい解説を行い，これら6種の頭部，触角，前胸背，雄交尾器を比較できるように並べて図示し，検索表も作成している．それでもなお，種の区別は難しく，同定に悩むことが多い．

日本産ヒラタホソカタムシ属 *Colobicus* の種への検索

1(2) 背毛はやや長く先がとがり，次の毛の基部に届く；肩部では背毛が特に塊になって密生する……………………………………………………………………… ヒラタホソカタムシ *C. hirtus* (Rossi)
2(1) 背毛は短く先が丸く，次の毛の基部に届かない；肩部では特に毛が密生しない………………………………………………………………………… ミナミヒラタホソカタムシ *C. parilis* Pascoe

コブゴミムシダマシ科　Zopheridae

49. ヒラタホソカタムシ　*Colobicus hirtus* (Rossi, 1790)

(図 49, 49A)

Nitidula hirta Rossi, 1790, p. 59.
Colobicus hirtus：Iablokoff-Khnzorian, 1962, p. 421; Sasaji, 1984, p. 36, figs. 4B, 5A, 6A, 7B; 佐々治, 1985, 293 頁, 第 48 図版, 図 9；青木, 2009b, 150 頁, 図（151 頁）.
Colobicus marginatus Latreille, 1807, p. 10；中根, 1963, 218 頁, 第 109 図版, 図 23.
Colobicus emarginatus Erichson, 1843, p. 268.
Monotoma axillaris Duftschmid, 1825, p. 155.

　体長 3.0-5.4mm. 本属の 2 種も互いによく似ているが，前属の場合ほど悩ましくない．まず，上翅の背毛の形と長さが異なり，本種では比較的長く，曲がり，先端が鋭くとがり，先端が次の毛の根元を超える．また，上翅の肩部で毛の密度が濃くなり，互いに近接した毛が塊のように密生する．Sasaji (1984) は前胸背の側縁のカーブの違いを挙げているが，この違いは微妙で，わかりにくい．
　分布：北海道・本州（青森県・福島県・群馬県・福井県・岐阜県・京都府・奈良県・岡山県・広島県）；ヨーロッパ・アフリカ・アジア．世界に広く分布し，多くの異なった学名で記載され，シノニムが多い．日本では北のほうで採集されるがが，それほど多くない．
　撮影標本データ：奈良県若草山, 21-VI-2002, 田中勇採集．

50. ミナミヒラタホソカタムシ　*Colobicus parilis* Pascoe, 1860

(図 50, 50A)

Colobicus parilis Pascoe, 1860, p. 202；Sasaji, 1984, p. 36, figs. 4G, 5C, 6B, 7D；佐々治, 1985, 293 頁；青木, 2009b, 152 頁, 図（153 頁）.
Colobicus conformis Pascoe, 1863, p. 124.

　体長 3.0-4.7mm. 前種に似るが，上翅の背毛が短く，先端が丸く滴状（花弁状），先端が次の毛の根元を超えない．上翅の肩部の毛の生え方は他の箇所の毛と同じで，特に密集することはない．
　分布：九州（熊本県）・種子島・徳之島・沖永良部島・沖縄島・宮古島・石垣島・小浜島・西表島・与那国島・波照間島・小笠原諸島（父島）；アジア・ハワイ・オーストラリア．主として世界の熱帯・亜熱帯に広く分布するようである．奄美大島からも発見されてよいはずである．
　撮影標本データ：徳之島井ノ川西方, 1-IX-2008, 青木淳一採集．

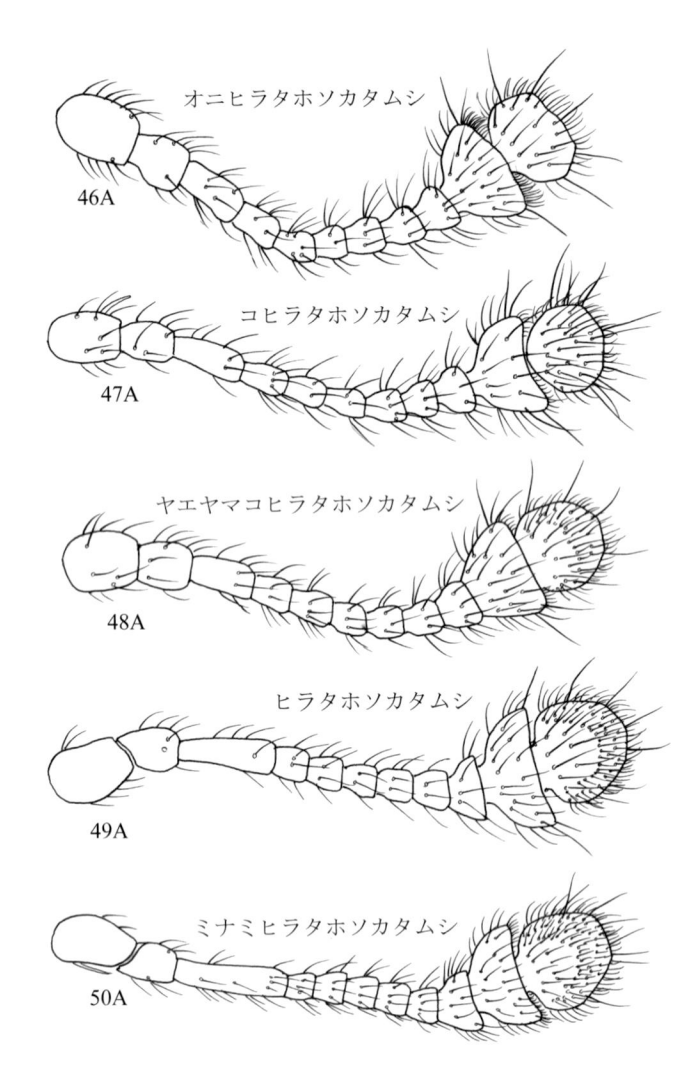

図46A-50A：オニヒラタホソカタムシ属 *Bolcocius* の3種とヒラタホソカタムシ属 *Colobicus* の2種の触角の比較（第3節の長さ，末節の形に注目）．

トゲヒメヒラタホソカタムシ属　Genus *Colobicones* Grouvelle, 1918

体が小型で幅広く，モンヒメヒラタホソカタムシに似るが，前胸背の側縁に顕著な突起が並び，その突起からかなり長く太い毛が生じているので識別できる．ニューギニア・ブータン・日本から6種が知られており，日本には2種を産する．

日本産トゲヒメヒラタホソカタムシ *Colobicones* 属の種への検索

1(2) 前胸背の側縁の棒状の毛は6本；上翅のは7個のはっきりした斑紋がある ……………………………………………………………………………… トゲヒメヒラタホソカタムシ *C. sakaii* Okada

2(1) 前胸背の側縁の棒状の毛は8〜9本；上翅には基部にX字状の大きい斑紋，先端近くに2対の小さい斑紋がある ……………………… トカラトゲヒメヒラタホソカタムシ *C. tokarensis* Okada

コブゴミムシダマシ科　Zopheridae

51. トゲヒメヒラタホソカタムシ　*Colobicones sakaii* Okada, 2005

(図 51)

Colobicones sakaii Okada, 2005, p. 428, figs. 3, 4. 10, 13；生川, 2006, p. 14, 写真；青木, 2009b, 44 頁, 図 18C, 73 頁, 図 33A, 154 頁, 図（155 頁）.

　体長 1.7-2.0mm. 前胸背の側縁の突起は顕著で，そこに生ずる毛はまっすぐで長く棒状で 6 本である．複眼は比較的小さく，触角末端の球桿部は小さい．黄褐色の上翅には 7 個のはっきりした黒い斑紋があり，中ほどの 5 個はサイコロの五の目のように見える．上翅の毛はまっすぐで長く，先端に向かってやや幅広くなり，筍に似た形．学名の *sakaii* は奄美大島で本種を始めて採集した愛媛大学の酒井雅博博士にちなむ.

　分布：奄美大島・徳之島・沖縄島・石垣島・西表島.

　撮影標本データ：石垣島バンナ公園，ヤシの立ち枯れ，31-I-2010, 青木淳一採集

52. トカラトゲヒメヒラタホソカタムシ　*Colobicones tokarensis* Okada, 2005

(図 52)

Colobicones tokarensis Okada, 2005, p. 426, figs, 1, 2, 5-9.

　体長 2.1-2.6mm. 前胸背の側縁の突起と毛は前種の場合ほど顕著ではないが，数が多く，6〜8 本ある．複眼は大きく，触角末端の球桿部も丸く大きい．上翅には基部にX字形の斑紋と先端近くに 2 対の小さい斑紋がある．上翅の毛は短く，先膨れである.

　分布：トカラ列島・沖縄島．トカラ列島特産種かと思われていたが，2008 年に田中勇氏によって沖縄島の南条市垣花城跡で採集された.

　撮影標本データ：沖縄島南条市垣花城跡，13-V-2008, 田中勇採集.

コブゴミムシダマシ科　Zopheridae

ニセサシゲホソカタムシ属　Genus *Endeitoma* Sharp, 1894

　外見上，サシゲホソカタムシ属 *Neotrichus* の種にそっくりである．しかし，よく見ると，触角の末端の構造が異なる．サシゲホソカタムシ属では，最後の XI 節が丸く大きく，X 節とほぼ同じ幅があるが，本属では XI 節は小さな四角形で，X 節よりもはるかに幅狭い．また，前胸背はサシゲホソカタムシ属では長さと幅がほぼ同じか，長さのほうが勝るが，本属では幅のほうがやや広い．世界に 10 種余りあるが，アジアには 2 種，そのうち 1 種が日本に産する．

53. ニセサシゲホソカタムシ　*Endeitoma bonina* (Nakane, 1990)
（図 53）

Pabula bonina Nakane, 1990, p. 67.
Endeitoma bonina : Löbl & Smetana, 2002, p. 82；青木，2009b, 7 頁，図 14.
Cicones angustissimus: Nakane, 1970, p. 25.

　体長 3.4-3.8mm．上に述べたように，サシゲホソカタムシ属の種に非常によく似ており区別が難しいが，触角末端の形，前胸背の長さと幅の関係を見れば区別できる．さらに，プレパラート標本にしてみれば，前胸背の彫刻が本種では網目状であるのにサシゲホソカタムシ属では丸みを帯びた多角形の顆粒の集まりであり，上翅の点刻が本種では小さく，点刻列の隙間が幅広く，そこに毛を生ずるが，サシゲホソカタムシ属では点刻が大きく密接し，その間に毛を生じない．この点を観察すれば，サシゲホソカタムシ属の中でももっとも本種に似ているノコムネホソカタムシとも区別できる．
　分布：小笠原諸島（父島・母島）・石垣島．
　撮影標本データ：小笠原諸島父島，12〜13-XI-1987，中根猛彦採集．

53

ヒメヒラタホソカタムシ属　Genus *Synchita* Hellwig, 1792

　従来，小型で平たい多くの種を含も属であり，ほとんどの種が *Cicones* 属のもとに記載されたが（日本の図鑑でも *Cicones* として図示），近年になって *Cicones* が *Synchita* のシノニムとなり，大部分が *Synchita* 属に所属した．ところが，アメリカでは上翅に斑紋のあるものを *Microsicus* 属にまとめ，それ以外の無斑紋のものを *Synchita* 属に残した（Arnett et al., 2002, p. 449）．青木（2011a）はこのアメリカ方式を採用し，従来 *Synchita* 属にまとめられていたものの中から上翅に斑紋のあるものを *Microsicus* 属に移した．その際に触角の構造を見ると，*Synchita* 属では触角末端節が明瞭な横溝によって段差をもって二分されていることに着目し，上翅に斑紋のある *Microsicus* 属では触角末端節が完全な形であって二分されないこと（細い横線がある場合もある）のほうを重視し，そのような触角をもったものは上翅に斑紋がなくとも *Microsicus* 属に編入した．日本産ヒメヒラタホソカタムシ属 *Synchita* には 2 種のみが含まれる．

コゾゴミムシダマシ科　Zopheridae

日本産ヒメヒラタホソカタムシ属 *Synchita* の種への検索

1(2)　前胸背の側縁の鋸歯はこまかい；触角第3節は第4節と第5節の合計長よりも長い；体長3.5mm
以上 ……………………………………………… ナガヒラタホソカタムシ *S. angustissima* (Nakane)
2(1)　前胸背の側縁の鋸歯は長く顕著；触角第3節は第4節と第5節の合計長よりも短い；体長2.5mm
以下 ……………………………………………… クロヒメヒラタホソカタムシ *S. tokarensis* (Nakane)

54. ナガヒラタホソカタムシ　*Synchita angustissima* (Nakane, 1963)

(図 54, 54A)

Cicones angustissima Nakane(中根), 1963, 218 頁, 第 109 図版, 図 20(和文の原記載)；Nakane, 1967, p. 74；
　生川, 2002, 4 頁, 第 2 図版, 図 3.
Synchita angustissima: Löbl & Smetana, 2008, p. 84；青木, 2009b, 160 頁, 図 (161 頁).

　体長 3.5-3.8mm. 本属のものとしては大型. 和名に「ナガー」がつき, 学名の種小名も *angustissima*（非常に幅狭い）とあるように, 本種の体形は本属のものにしては例外的に細長い. そのため, むしろサシゲホソカタムシ属やニセサシゲホソカタムシ属のような印象を与える. しかし, 触角が11節ではなく, 10節であることで区別できる. なお, 大変珍しいケースであるが, 本種の原記載と思われる論文（英文）が1967年（1968年ではない）に印刷されているが, それよりも前の1963年に出版された図鑑（北隆館）に本種の学名, 記載, 写真が出てしまっている. 何かの事情で原記載よりも前に図鑑が出てしまったと思われるが, 新種の記載は日本語でも有効なので, 命名規約上はこの図鑑が原記載となってしまう. したがって, 命名者と年号も今までに Nakane, 1967 または 1968 とされていたのは間違いで, Nakene, 1963 とすべきである.

　分布：北海道・本州（静岡県・京都府・奈良県・三重県). 主として本州中部に分布しながら, 遠く離れた北海道でも見つかっているのが気にかかる. 三重県では普通はホソカタムシが好まない海岸の松林内の砂浜の落ち枝に生息していた.

　撮影標本データ. 三重県鈴鹿市磯山海岸, 14-VI-2009, 青木淳一採集.

54

コブゴミムシダマシ科　Zopheridae

55. クロヒメヒラタホソカタムシ　*Synchita tokarensis* **(Nakane, 1963)**

（図 55, 55A）

Cicones tokarensis Nakane（中根），1963, 218 頁，第 109 図版，図 22(和文の原記載)；Nakane, 1967, p. 75；
　青木, 2009b, 53 頁，図 22C，162 頁，図 (163 頁).
Cicones boninus Nakane, 1991, p. 2, fig. 2.
Synchita bonina：平野, 2008, 59 頁.
Genus sp.：生川, 2000, 2 頁，第 1 図版，図 5.

　体長 2.0mm 内外．体は灰黒色，脚は黄赤褐色．斑紋はなく，全体に分泌物の膜に覆われ汚い感じがする．前胸背の側縁にはトゲトゲがあり，先端に毛を生ずる．触角の末端節は横溝によって二分され，段差を示す (図 55A)．本種はトカラ列島の中之島を原産地として記載されたが，中根 (1990) は後に小笠原諸島で採集したものを別種として記載した．区別点として前胸背側縁の突起が鋭く尖っていることを挙げたが，実はトカラ列島の個体も前胸背の分泌物を取り除くと側突起の先端がとがっていることを筆者がつきとめ，この両種を同種と判定した（青木, 2009b）.

　分布：本州（東京都・神奈川県・三重県・大阪府）・九州（鹿児島県）・屋久島・種子島・トカラ列島・奄美大島・沖縄島・宮古島・石垣島・西表島・小笠原諸島（父島・母島）．小笠原諸島のものがトカラ列島のものと同種であることがわかって以来，本種は本州を始め各地に広く分布することが判明した．今後さらに各地で発見されるであろう．

　撮影標本データ：大阪府箕面市みのお公園，
　27-XI-2007，田中勇採集.

55

モンヒメヒラタホソカタムシ属　**Genus *Microsicus* Sharp, 1894**

　最近まで（青木, 2009b）ヒメヒラタホソカタムシ属 *Synchita* と一緒にされていたグループであるが，上翅に斑紋があること（例外あり）と触角末端節が一つの卵形であって横溝で段差をもって区分されないことにより，別属とする処置（アメリカ方式に近い）を取った（青木, 2011a）．わが国だけで 7 種を産する．このほかに，本属に入れるべき種として体長 1.5 mm，上翅の会合線に沿って 3 対の赤い紋が平行に並ぶチビヒメヒラタホソカタムシ（*Cicones minimus* Sharp, 1885）という種が図鑑に載っており（佐々治, 1985, 292 頁，写真なし），その後井上・佐々治 (1998) が福井県南条郡今庄町から 1 頭を記録しているが，原産地の熊本県湯山とは地理的にあまりにかけ離れており，その標本も確認できず，正体不明の種とするほかない．日本産本属の種については青木 (2011a) の総説がある.

コブゴミムシダマシ科　Zopheridae

日本産モンヒメヒラタホソカタムシ属 *Microsicus* の種への検索

1(10)　上翅には斑紋がある
2(3)　前胸背は長さよりわずかに幅広い；体長 2.5mm 以上 ……………………………………………
　………………………………………………… メダカヒメヒラタホソカタムシ *M. oculatus* (Sharp)
3(2)　前胸背は長さよりも明らかに幅広い；体長 2.5mm 以下
4(5)　上翅は短い（長さ／幅＝1.4〜1.5）………… クロモンヒメヒラタホソカタムシ *M. niveus* (Sharp)
5(4)　上翅は長い（長さ／幅＝1.6〜1.7）
6(7)　上翅の肩部の明斑紋は2個に分割 ……… ベニモンヒメヒラタホソカタムシ *M. rufosignatus* (Sasaji)
7(6)　上翅の肩部の明斑紋は分離しない
8(9)　前胸背と上翅は同じ幅；上翅の中央線前半にまたがる黒斑紋はない ……………………………
　………………………………………………… ヨコモンヒメヒラタホソカタムシ *M. bitomoides* (Sharp)
9(8)　前胸背は上翅よりも幅狭い；上翅の中央線前半にまたがる黒斑紋がある ……………………
　………………………………………………… ウスモンヒメヒラタホソカタムシ *M. variegatus* (LeConte)
10(1)　上翅には斑紋がない
11(12)　上翅の側縁の毛は長く，次の毛の基部を超える ……………………………………………
　………………………………………………… ケブカヒメヒラタホソカタムシ *M. hirsutus* (Aoki)
12(11)　上翅の側縁の毛は短く，次の毛の基部を超えない ……………………………………………
　………………………………………………… ハヤシヒメヒラタホソカタムシ *M. hayashii* (Sasaji)

56. メダカヒメヒラタホソカタムシ　*Microsicus oculatus* (Sharp, 1885)

（図 56, 56A）

Cicones oculatus Sharp, 1885, p. 67；佐々治, 1985, 293 頁（検索表）.
Synchita oculata: Löbl & Smetana, 2008, p. 84；青木, 2009b, 166 頁, 図（167 頁）
Microsicus oculatus: 青木, 2011a, 6 頁, 図 4.
Cicones oblongus Sharp, 1885, p. 68.

　体長 2.8-3.7mm. 本属の中ではもっとも大型で，やや細長い. 和名・学名が示すように，複眼が大きい. 頭部と前胸背は黒色に近く，上翅の斑紋は黄褐色の地に黒く，連結した雲形で複雑である. 前胸背は他の種のように明らかな横長ではなく，長さよりもわずかに幅広い程度. 上翅も長めで，先端に向かってやや膨らむ感じがする.
　分布：北海道・本州（岩手県・宮城県・山形県・群馬県・長野県・東京都・神奈川県・静岡県・福井県・京都府・大阪府・岡山県・鳥取県）. 分布域は広いが，どちらかと言うと日本の北東部に分布が偏る.
　撮影標本データ：大阪府能勢町天干深山, 7-IX-2008, 青木淳一採集.

56

コブゴミムシダマシ科　Zopheridae

57. クロモンヒメヒラタホソカタムシ　*Microsicus niveus* (Sharp, 1885)

（図 57, 57A）

Cicones niveus Sharp, 1885, p. 68 ; 佐々治, 1963, 292 頁, 第 48 図版, 図 5.
Synchita nivea: 青木, 2009b, 168 頁, 図 (169 頁).
Microsicus niveus: 青木, 2011, 3 頁, 図 3.

　体長 1.6-2.4mm. 黒い斑紋をもつので，メダカヒメヒラタホソカタムシ，ウスモンヒメヒラタホソカタムシに似るが，上翅が短いせいか，全体がずんぐりとした感じなので区別できる．前胸背は明らかに横長．触角末端節には山形に曲がった線があり，その線より前では毛が密生し，後ろでは毛がまばらになる（図 57A）．上翅は黄褐色の字に黒い斑紋があるが，基部の紋は小盾板を囲む三角形，先端に近い斑紋は 1 対の「への字」形．
　分布：北海道・本州（青森県〜山口県）・四国（香川県・徳島県）・九州（熊本県）．北海道から九州まで広く生息するが，島嶼からは見つかっていない．
　撮影標本データ：大阪府能勢町天王深山, 7-IX-2008, 青木淳一採集.

58. ウスモンヒメヒラタホソカタムシ　*Microsicus variegatus* (LeConte, 1858)

（図 58, 58A）

Synchita variegata LeConte, 1858, p. 63.
Microsicus variegatus: 青木, 2011a, 3 頁, 図 2.

　体長 1.9-2.1mm. 体形や斑紋からはメダカヒメヒラタホソカタムシに最も似るが，はるかに小型であり，前胸背はやや横長，上翅の斑紋は薄ぼんやりとして不鮮明である．触角の末端節は他の節に比べて断然大きい．体全体の生ずる白っぽい体毛は顕著，そのせいか全体に艶のない，くすんだ色彩に見える．メダカヒメヒラタホソカタムシの小型個体だと思われてきた時期があったが，明らかに別種であることが判明した（青木, 2011a）．
　分布：本州（静岡県・三重県）・四国・九州・屋久島・奄美大島・沖縄島・石垣島；北米．日本の北と南の分布を前種と分かち合っているような状況である．本州からは，ごく最近生川(2011)によって三重県尾鷲市と熊野市から記録された．
　撮影標本データ：愛媛県宿毛津島線, 24-XI-2008, 青木淳一採集.

59. ヨコモンヒメヒラタホソカタムシ　*Microsicus bitomoides* (Sharp, 1885)

(図59, 59A, 59B, 59C, 59D)

Cicones bitomoides Sharp, 1885, p. 69 ; 佐々治, 1963, 293 頁（検索表）.
Synchita bitomoides : Löbl & Smetana, 2008, p. 84 ; 青木, 2009b, 170 頁, 図(171 頁).

　体長 2.2-2.5mm. 黒っぽい上翅に赤褐色の斑紋がX字状にみえるが，分泌物が体表を覆う場合にはぼやけて見える．触角の末端節は他の種のものに比べて細長く，やや角張ることもある（図59A）．前胸背と上翅はほぼ同じ幅，前胸背の側縁はほとんど直線的（図59C）．複眼の毛は短い針状．
　分布：本州（茨城県・埼玉県・神奈川県・静岡県・三重県・奈良県・京都府・大阪府・兵庫県）・伊豆諸島（大島・三宅島・御蔵島・八丈島）・九州（長崎県・鹿児島県）・屋久島・トカラ列島・奄美大島・沖縄島・石垣島・西表島 ; スリランカ．関東以南に広く分布する．
　撮影標本データ：伊豆諸島御蔵島長坂, 18～19-IX-2010, 青木淳一採集.

60. ベニモンヒメヒラタホソカタムシ　*Microsicus rufosignatus* (Sasaji, 1984)

(図60, 60A, 60B, 60C, 60D)

Cicones rufosignatus Sasaji, 1984, p. 34, figs. 3C, 3D : 佐々治, 1985, 292 頁, 第 48 図版, 図 4 ; 生川, 2000. 2 頁, 第 1 図版, 図 3.
Microsicus rufosignatus: 青木, 2011a, 1 頁.

　体長 1.9-2.4mm. 上翅は黒地に赤褐色の斑紋が散らばっており，美しい．特に肩部の斑紋が丸く二つに分割されているのが特徴（図60B）．前胸背の中央部に 3 個の浅いへこみがあり，側縁は丸みを帯びる（図60C）．触角の末端節は大きく，その前の第 9 節は第 8 節よりも少し大きい（図60A）．複眼の毛は葉状で幅広い．腹板は短い（図60D）
　分布：北海道・本州（茨城県・東京都・神奈川県・福井県・三重県・奈良県）．前種より分布域が狭く，関東よりも近畿地方に多い．
　撮影標本データ：京都府乙訓郡大山崎町天王山, 11-X-2009, 田中勇採集.

コブゴミムシダマシ科　Zopheridae

61. ハヤシヒメヒラタホソカタムシ　*Microsicus hayashii* (Sasaji, 1971)
(図 61, 61A)

Cicones hayashii Sasaji, 1971, p. 43, fig. 1
Synchita hayashii : Sasaji, 1984, p. 34；佐々治, 1985, 293 頁, 第 48 図版, 図 6；青木, 2009b, 56 頁, 図 24B, 174 頁, 図(175 頁).
Microsicus hayashii: 青木, 2011a, 2 頁.

　体長 1.9-2.8mm. モンヒメヒラタホソカタムシ属に属しながらも上翅には斑紋がないが，触角の形態から本属に入れられた（末端節は分割されない）. 全体に毛を密生するために光沢がなく，前胸背が赤褐色，上翅が黒褐色のツートーンカラー. 前胸背はなだらかに均一に膨らみ，細顆粒で密に覆われ，側縁の鋸歯は細かい. 和名および学名は甲虫類の幼虫の形態的研究で有名な林長閑氏に捧げられたものである.
　分布：本州（神奈川県・東京都・京都府・大阪府）・四国（香川県）・淡路島. 最初横浜で発見され，その後本州中部でぼつぼつ採集され出したが，少ない.
　撮影標本データ：京都府乙訓郡大山崎町天王山, 11-X-2009, 田中勇採集.

62. ケブカヒメヒラタホソカタムシ　*Microsicus hirsutus* (Aoki, 2008)
(図 62, 62A)

Synchita hirsuta Aoki, 2008b, p. 275, figs. 1-8；青木, 2009a, 8 頁, 図 18（付図説明ではチビヒメヒラタホソカタムシ *Synchita minima* (Sharp) となっているが誤り）；青木, 2009b, 35 頁, 図 14, 45 頁, 図 19B, 176 頁, 図(177 頁)；青木, 2011, 2 頁.

　体長 2.2mm 前後. 体毛が長く棒状で顕著なので毛深い感じがし，識別は容易である. 触角は全体に太く，第 7 節から 8 節，9 節と徐々に幅広くなり，第 10 節で特に大きくなる. 前胸背は強く膨らみ，網目状彫刻に覆われ，側縁は前方に向かって狭まる.
　分布：沖縄島・徳之島・奄美大島・加計呂麻島. 珍種であり，奄美諸島からのみ知られていたが，2009 年 5 月に杉野廣一氏により沖縄島国頭村で採集されていることを知った.
　撮影標本データ：奄美大島金作原（きんさくばる），4-VII-2009, 青木淳一採集.

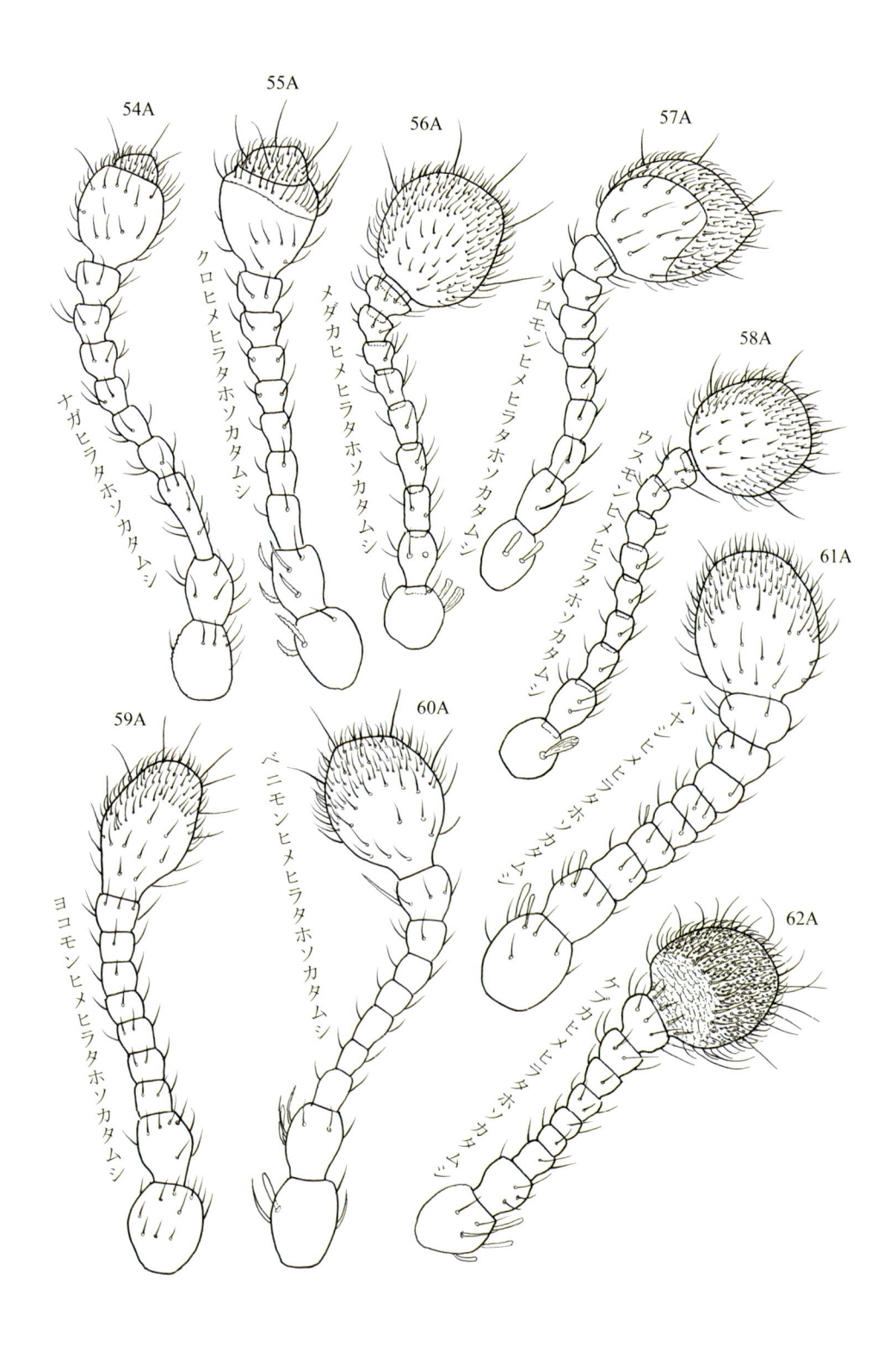

コブゴミムシダマシ科　Zopheridae

図 54A-62A：ヒメヒラタホソカタムシ属 *Synchita* およびモンヒメヒラタホソカタムシ属 *Microsicus* の触角の比較（末節の大きさと形，末節の横溝の有無に注目）（青木，2011a より）．

コブゴミムシダマシ科　Zopheridae

ヨコモンヒメヒラタホソカタムシ

59B
59C
59D

ベニモンヒメヒラタホソカタムシ

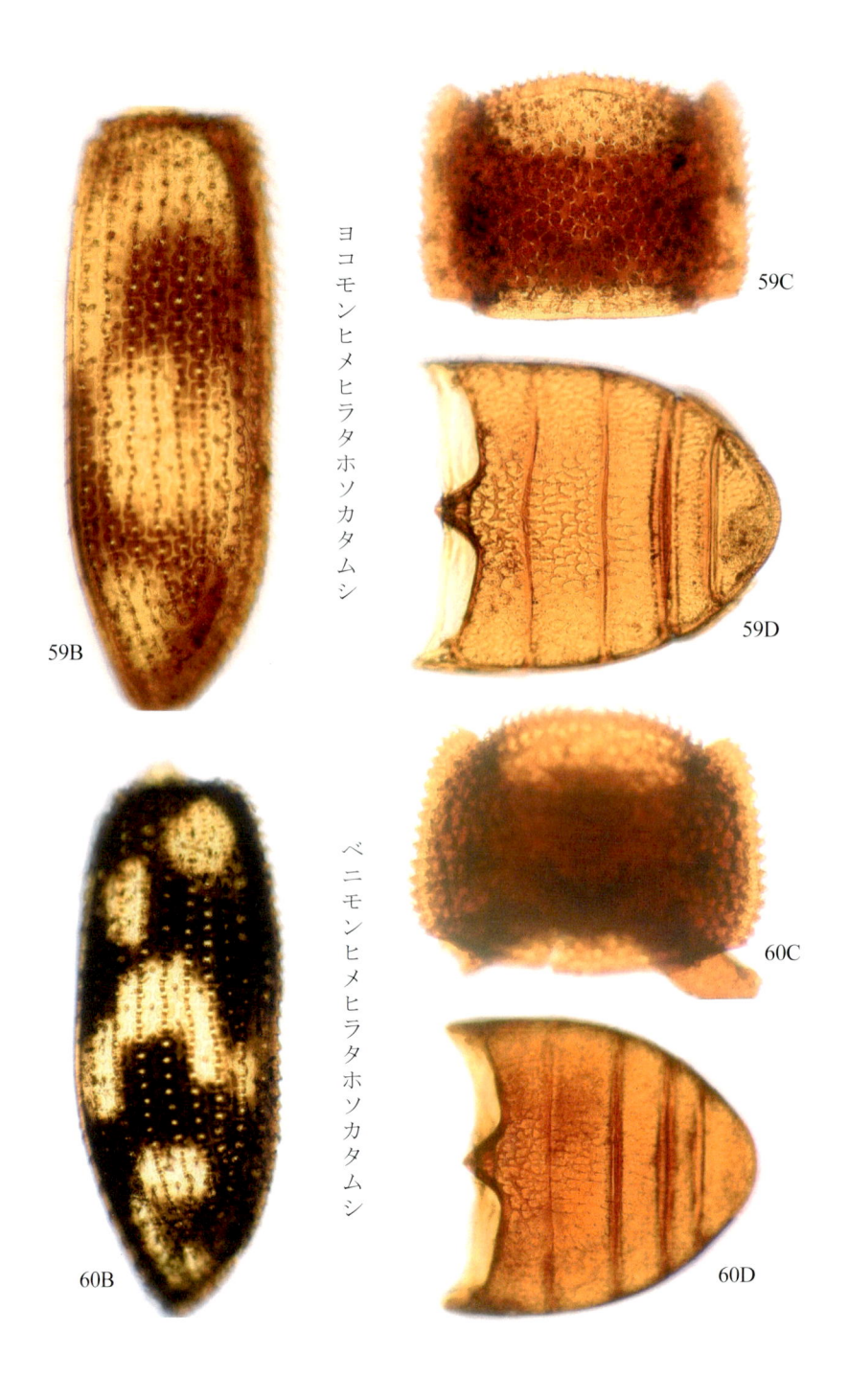

60B
60C
60D

図59B・60B：モンヒメヒラタホソカタムシ属 *Microsicus* の2種の右上翅の斑紋の比較（基部の斑紋の融合・分離に注目）；59C・60C：同，前胸背の比較（側縁が直線的か膨らむかに注目）；59D・60D：同，腹板の比較（腹板全体の長短に注目）．

コブゴミムシダマシ科　Zopheridae

ホソマダラホソカタムシ属　Genus *Namunaria* Reitter, 1882

比較的大型で，細長い楕円形の体，上翅の顕著な白紋によって特徴づけられる．ブータン・インド・ネパール・ミャンマー・タイ・中国・日本などアジア地域に7種が生息し，わが国には1種のみが分布する．従来の日本の図鑑では *Sympanotus* の属名が使われていた．

63. ホソマダラホソカタムシ　*Namunaria picta* (Sharp, 1885)
(図63)

Sympanotus pictus Sharp, 1885, p. 62, pl. 3, fig. 2；中根, 1963, 219頁, 第110図版, 図3.
Namunaria picta: Löbl & Smetana, 2008, p. 83；青木, 2009b, 178頁, 図(177頁).

体長3.2-5.0mm．前胸背の前角は突出し，側縁は丸みを帯び，背面には数個の浅い窪みがある．上翅の毛は黒白両方の色の毛が混じっており，ところどころに白毛を密生する瘤があり，これが白点として目立つ．
分布：本州（青森県〜広島県）・伊豆諸島（三宅島・御蔵島・八丈島）・四国・九州・奄美大島．積まれた薪やシイタケのほだ木などにいることが多い．
撮影標本データ：静岡県河津町下佐ケ野12-VII-2008，青木淳一採集．

63

マダラホソカタムシ属　Genus *Trachypholis* Erichson, 1845

かなり大型で，幅広く，斑模様の頑丈な姿．上翅には体毛の塊がところどころに散在する．インド・スリランカ・ネパール・中国・日本・ミャンマー・タイ・スマトラ・フィリピンなどアジア地域に広く分布し，30種近くが知られている．日本には2種が知られている．

本属にはシノニムがいくつもあり，*Labromimus*, *Microvonus*, *Opatrum*, *Tarphiodes* などの属名のもとに記載された種が多いので，注意を要する．

日本産マダラホソカタムシ属 *Trachypholis* の種への検索

1(2) 前胸背の中央には複雑な凹みがある；上翅には3〜4対の毛塊がある ……………………………………………………………………… マダラホソカタムシ *T. variegata* (Sharp)
2(1) 前胸背には目立った凹みがなく，なだらかに弱く膨らむのみ；上翅には前方に1対の毛塊があるのみ ……………………………………… オキナワマダラホソカタムシ *T. okinawensis* Nakane

コブゴミムシダマシ科　Zopheridae

64. マダラホソカタムシ　*Trachypholis variegata* (Sharp, 1885)
(図 64)

Labromimus variegatus Sharp, 1885, p. 65, pl. 3, fig. 3.
Trachypholis variegata: 中根, 1963, 219 頁, 第 110 図版, 図 6；佐々治, 1971, 40 頁, 図 5, 11；佐々治, 1985, 294 頁, 第 48 図版, 図 16；青木, 2009b, 180 頁, 図 (181 頁).

体長 3.3-5.8mm. 体は長い小判型, 前胸背は横長で, 両側は膨らみ, 前角は弱く突出し, 背面にはいくつかの浅い窪みがある. 複眼は大きい. 上翅には肩部に白毛の塊があり, またところどころに黒毛の塊がある.

分布：北海道. 本州（青森県～広島県）・四国（香川県・徳島県・愛媛県）・九州・屋久島；サハリン・台湾. 日本では北部まで含めて広く分布する.

撮影標本データ：栃木県川治温泉, 3-VI-2009, 高橋敬一採集.

64

65. オキナワマダラホソカタムシ　*Trachypholis okinawensis* Nakane, 1991
(図 65)

Trachypholis okinawensis Nakane (中根), 1991, 3 頁, 図 10.

体長 3.8-4.3mm. 前種に似るが, 前胸背には前種にあるような窪みがなく, 弱く膨らむのみ. 中央の 1 対の丸い黒毛の塊の部分がわずかに盛り上がっているだけ. 上翅の黒毛の塊は基部に近いところに 1 対あるのみ. 触角の球桿部は前種のそれよりも幅広い.

分布：トカラ列島・奄美大島・沖縄島・久米島・石垣島・与那国島. 前種とは分布域が重ならず, 本種は南の島々に分布する. 槙原ほか (2009) は沖縄島のヤンバルの森にマレーズトラップを 1 年間設置して調査した. その際にほとんど毎月多数の本種が採集されたが, 興味深いことに夏季だけは 1 頭も採集されなかったという.

撮影標本データ：沖縄島大宜味村大保, 3-X-2002, 平野幸彦採集.

65

ホソカタムシの住む枯れ木

　ホソカタムシはほとんど全種が枯れ木の住人である．しかも，まことに贅沢な虫で，木全体が完全に枯れていないとだめで，枯れているように見えても，一枚でも緑の葉がついていたり，根際近くから芽が吹いていたりすると住みつかない．「部分枯れ」といって，1本の枝だけが枯れている場合にも居るという人もいるが，筆者はほとんど見つけたことがない（折れてぶら下がった枝には居る，図77・80）．かといって，枯れすぎた木もだめである．枯れが進んで樹皮が剥がれ落ちたり，コケや地衣が付着したり，ツタなどの着生植物に覆われたり，キノコが密生したりしたものは好まない．幹を棒でたたいてみて，ボソボソと鈍い音がするものはだめで，カンカン，コンコンと堅い音がするものがよい．要するに，枯れて間もない木が好みなのである．ホソカタムシは立ち枯れの木が最も好きである．しかも，できれば直径の大きい大木がよい．梢の細い枝が落ちてしまい，太い枝だけが残っているような木がいい．立ち枯れでなく，倒木にも居ないことはない．倒れても地面につくとだめで，他の木や岩などに引っかかって宙に浮いている木がよい（図 81）．泥がついて湿るのを嫌うようである．種によっては，積み上げられた薪，粗朶（そだ），シイタケ栽培用のほだ木，貯木場の皮つき丸太（図 96）などにも生息する．菌食性のものは幹や枝の表面に付着しており，捕食性のものは樹皮下やキクイムシの坑道に入り込んでいることが多い．

　では，樹種はどうであろうか．完全に枯れて葉のついてない樹木の種の判定は難しいが，筆者の経験からすると，スギ，ヒノキ，サクラ，カラマツ，イチョウにはまず居らず，一部の種を除いてアカマツ，クロマツ，スダジイ，モクマオウ，ヤシ類はあまり好まない．好きなのはコナラ，ミズナラ，ブナ，シデ類，カエデ類，カシ類，ミズキ，ケヤキ，モチノキ，タブノキ，モミなどで，関西地方に多いイチイガシはもっとも好まれるようである．種によってはカワラタケ類・キクラゲ類（図82）などのキノコを好むものもあるが，多くはない．

　太い立ち枯れの場合にはフォッギング（殺虫剤噴霧，図92）または樹皮めくり，細い枯れ枝の場合はビーティング（叩き網）によって採集している．また，FIT（衝突板トラップ），マレーズ・トラップ，ライト・トラップ（灯火採集）によってもホソカタムシがかなり採集できる．例外的に，土壌表層の落葉落枝層や腐植層をふるいでふるったものをツルグレン装置にかけて得られる種もある（ツチホソカタムシ）．採集に適する季節は意外に長く，1～2月を除けばほぼ一年中採集が楽しめる．盛夏（8月）にはあまり採れず，4～6月，9～10月に収穫が多い．

　筆者はホソカタムシがいた枯れ木はほとんど写真に撮っておく習慣をつけているので，その一部を以降に並べてお見せする．ホソカタムシを採集してみたい人に，いくらかでも参考になれば幸いである．

ホソカタムシの住む枯れ木

66. トカラ列島中之島, 6-VII-2009（フカミゾホソカタムシ・ナガセスジホソカタムシ・ツヤナガヒラタホソカタムシ・ヨコモンヒメヒラタホソカタムシ・アトキツツホソカタムシ）計 5 種が 1 本の木から得られた; 67. 東京都皇居, 17-VI-2010（オカダユミセスジホソカタムシ［基準産地］・ツヤケシヒメホソカタムシ）; 68. 徳之島天城町, 20-IV-2008 （ノコギリホソカタムシ・コヒラタホソカタムシ・アトキツツホソカタムシ・ツヤナガヒラタホソカタムシ・ヨコモンヒメヒラタホソカタムシ・ダルマチビホソカタムシ・ナガセスジホソカタムシ・トゲヒメヒラタホソカタムシ）林縁の1本の立ち枯れ木から8種が得られた. 最高記録である; 69. 下甑島瀬々野浦, 4-X-2009（ミナミミスジホソカタムシ67頭）.

70. 小笠原母島船木山, 25-X-2008（オガサワラスジホソカタムシ）; 71. 石垣島バンナ公園, 15-V-2008（ノコムネホソカタムシ）芝生広場中央の立ち枯れ木; 72. 石垣島磯部, 15-V-2008（ナガセスジホソカタムシ）市街地のデイゴの木; 73. 石垣島嵩田植物園, 31-I-2010（トゲヒメヒラタホソカタムシ）珍しくヤシの立ち枯れから得られた.

ホソカタムシの住む枯れ木

74. 北大東島港南, 26-V-2008（ナガセスジホソカタムシ多数）珍しくモクマオウの立ち枯れから得られた；75. 熊本県人吉東方, 4-IX-2007（オニヒラタホソカタムシ・ホソマダラホソカタムシ・ダルマチビホソカタムシ・ツヤケシヒメホソカタムシ）；76. 御蔵島長坂, 18-X-2009（ルイスホソカタムシ・ダルマチビホソカタムシ・アトキツツホソカタムシ・ヨコモンヒメヒラタホソカタムシ・ホソマダラホソカタムシ）1本の木から5種も見つかった；77. 岩手県玉山村, 6-IX—2008（クロモンヒメヒラタホソカタムシ）折れてぶら下がった逆Y字形の枯れ枝は見逃せない.

78. 沖縄島国頭村安田, 27-I-2009（クロヒメヒラタホソカタムシ・コヒラタホソカタムシ・ツヤナガヒラタホソカタムシ・クロサワオオホソカタムシ）; 79. 熊本県水上村市房林道, 13-IX-2008（リンゲホソカタムシ）; 80. 対馬佐須奈トンネル出口, 10-IV-2010（ヒサゴホソカタムシ）; 81. 徳之島天城町, 19-VII-2006（ダルマチビホソカタムシ）倒木でも宙に浮いたものは良い.

82. 与那国島, 3-II-2010（ナガセスジホソカタムシ）着生したキクラゲから15頭 ; 83. 三宅島火の山, 7-IV-2010（アバタツヤナガヒラタホソカタムシ）わずかに残った樹皮下より得た ; 84. 屋久島永田横河渓谷, 24-IV-2011（ヒサゴホソカタムシ）他種と違い本種は細い枝に多い ; 85. 岩手県玉山村, 6-IX-2008（メダカヒメヒラタホソカタムシ）まだ枯れ葉のついた枯れ枝から得た.

ホソカタムシの住む枯れ木

86. 三重県鈴鹿市磯山海岸, 27-V-2010 (ヒメユミセスジホソカタムシ・ナガヒラタホソカタムシ) 2 種とも稀種であるが，珍しくマツの落ち枝に多数生息していた；87. 八丈島西見, 23-IV-2009 (リガヒメスジホソカタムシ・ナガヒラタホソカタムシ)；88. 屋久島永田, 25-IV-2011 (ツヤケシヒメホソカタムシ・ノコギリホソカタムシ)；89 対馬仁田付近, 10-IV-2010 (ツシマヒサゴホソカタムシ・ツシマヨコミゾコブゴミムシダマシ).

90. 奄美大島金作原, 1-VII-2007（コヒラタホソカタムシ）; 91. 徳島県剣山見ノ越, 21-IV-2007（ヨコミゾコブゴミムシダマシ）; 92. 屋久島栗生石楠花の森公園, 9-VI-2008（ヨコモンヒメヒラタホソカタムシ・ノコギリホソカタムシ・コヒラタホソカタムシ・ツヤケシヒメホソカタムシ）フォッギングによって1本の木から4種; 93. 西表島大富, 23-X-2006（ベニモンヒメヒラタホソカタムシ）.

94. 沖縄島浦添大公園, 23-V-2008（クロサワオオホソカタムシ）; 95. 静岡県万二郎岳, 23-X-2011（サシゲホソカタムシ）; 96. 熊本県相良村人吉木材市場, 14-IX-2008（ヒラタホソカタムシ）; 97. 長野県杖突峠, 7-IX-2009（クロモンヒメヒラタホソカタムシ）.

参考文献

青木淳一, 1955. ホソカタムシ雑記. *Insects Magazine*, (32): 31-32.

Aoki, J., 2008a. On the taxonomy of *Cylindromicrus gracilis* Sharp in Japan (Coleoptera: Bothrideridae). *Ent. Res. Japan*, 63: 1-6.

Aoki, J., 2008b. A new species of Colydiinae (Coleoptera, Zopheridae) from Tokunoshima Island, southwestern Japan. *Elytra, Tokyo,* 36: 275-278.

青木淳一, 2009a. 図鑑に載っていない日本産ホソカタムシ. 神奈川虫報, (165): 1-15.

青木淳一, 2009b. ホソカタムシの誘惑. 194頁. 東海大学出版会

Aoki, J., 2009c. A third species of *Neotrichus* (Coleoptera, Zopheridae) from Japan. *Elytra, Tokyo*, 37: 143-147.

Aoki, J., 2009d. A new species of the genus *Antibothrus* (Coleoptera, Bothrideridae) from the Amami Islands of Japan. *Elytra, Tokyo*, 37: 291-295.

Aoki, J., 2010a. A new species of the genus *Ascetoderes* (Coleoptera, Bothrideridae) from Mt. Koya-san, Central Japan. *Elytra, Tokyo,* 38: 19-23.

青木淳一, 2010b. ホソカタムシ雑記(II). 甲虫ニュース, 172: 25-26.

青木淳一, 2011a. 日本産モンヒメヒラタホソカタムシ属（新称）*Microsicus* と日本未記録種について. 神奈川虫報, (173): 1-9.

Aoki, J., 2011b. Revised status of a colydiid species known as "*Lasconotus nipponius* (Lewis)" (Coleoptera, Zopheridae). *Elytra, Tokyo (n.s.)*, 1: 97-102.

Aoki, J., 2011c. A new soil-inhabiting zopherid beetle (Coleoptera: Zopheridae) from southwestern Japan. *Edaphologia*, (89): 13-17.

Aoki, J., 2011d. Four species of the genus *Leptoglyphus* from Japan (Coleoptera, Bothrideridae). *Elytra, n.s.*, 1: 263-271.

青木淳一, 2011e. 草間慶一博士の採集による日本未記録のホソカタムシ. 神奈川虫報, (175)

青木淳一, 2012. 静岡県から発見された日本未記録種のホソカタムシ. さやばね（ニューシリーズ）, 5:32-33.

青木淳一・平野幸彦, 2008. ミスジホソカタムシ属の日本未記録種. ねじればね, (123): 1-3.

Aoki, J. & S. Imasaka, 2010. Japanese species of the genus *Teredolaemus* (Coleoptera: Bothrideridae), with description of a new subspecies from Okinawa. *Biol. Mag. Okinawa*, 48: 11-16.

青木淳一・生川展行・田中勇, 2008. 日本未記録の特異なホソカタムシ *Pseudendestes andrewesi* (Grouvelle) について. 甲虫ニュース, (164): 1-3.

Aoki, J. & K. Okada, 2011. Species of the genus *Glyphocryptus* (Coleoptera. Zopheridae) from Japan and Taiwan. *Spec. Publ. Jpn. Soc. Scarabaeoidology, Tokyo*, (11): 243-251.

Arnett, R. S. Jr., M. C. Thomas, P. E. Skelly & J. H. Frank, 2002. American Beetles. Polyphaga: Scarabaeoidea through Curculionoidea. CRP Press, London & Washington.

Carter, H. J. & E. H. Zeck, 1937. A monograph of the Australian Colydiidae. *Proc. Linn. Soc. NSW*, 62: 181-208, pls. 8-9.

Dajoz, R., 1975. Ergebnisse der Bhutan-Expedition 1972 des Naturhistorischen Museum in Basel. Coleoptera: Fam. Colydiidae & Cerylonidae. *Entomologica Basiliensia*, 1: 293-311.

Dejean, P. F. M. A., 1834. Catalogue des coléoptères de la collection de M. le Comte Dejean. II édition. 3e Livrasion. Paris: Mequignon-Marvis Pereset Fils, pp. 177-256.

Duftschmid, C. E., 1825. Fauna Australica, oder Beschreibung der österreichischen Insekten, für angehende Freude der Entomologie. Dritte Theil. Linz: Priv. akademischen Kust-, Musik- und Buchhandlung, 289 pp.

Erichson, W. F., 1842. Beitrag zur Insekten-Fauna von Vandiemensland, mit besonderer Berücksichtigung der geographischen Verbreitung der Insekten. *Arch. f. Naturgesch.*, 8: 83-287, pls. 4-5.

Erichson, W. F., 1843. Beitrag zur Insekten-Fauna von Angola in besonderer Beziehung zur geographischen Verbreitung der Insekten in Afrika. *Arch. f. Naturgesch.*, 9: 199-267.

Erichson, W. F., 1845. Lieferung II. Pp. 161-320. In: Naturgeschichte der Insekten Deutschlands. Erste Abtheilung. Coleoptera. Dritter Band. Berlin: Nicolaische Buchhandlung, 320 pp.

Fairmaire, L., 1869. Notes sur coléoptères recueillis par Charles Coquerel à Madagascar et sur le côtes d'Afrique. *Ann. Soc. Ent. Fr.*, (4)8: 753-820.

Freude, H., 1984. Monommidae aus aller Welt mit Beschreibungen neuer Taxa und einer Neuen Bestimmungstabelle der Monommidae Madagascars. *Spixiana*, 7: 285-314.

Grouvelle, A., 1906. Nitidulides, Colydiides, Cucujides, Monotomides et Helmides nouveaux. *Res. Ent. Caen.*, 25: 113-131.

Grouvelle, A., 1908. Coléoptères de la region Indienne. Rhysodidae, Trogositidae, Nitidulidae, Colydiidae, Cucujidae. *Ann. Soc. Ent. France*, 77: 315-495, pls. 6-9.

Grouvelle, A., 1918. Coleoptera of the families Ostomidae, Monotomidae, Colydiidae and Notiophygidae from the Seuchelles and Aldabra Islands. *Trans. Ent. Soc London*, 1918: 1-57, pls. 1-2.

Hellwig, J. C. L., 1792. Dritte Nachricht von neuen Gattungen im entomologischen System. *Neuestes Magazin für die Liebhaber der Entomologie*, 1: 385-408.

Herbst, J. F. W., 1793. Natursystem aller bekanten in- und ausländischen Insekten, als Eine Fortsetzung der von Buffonschen Naturgeschichte. Der Käfer fünfter Theil. Berlin: Pauli, 392 pp., pls. 44-59.

平野幸彦, 1996. アバタツヤナガヒラタホソカタムシは絶滅種か. 神奈川虫報, (115): 19-22.

平野幸彦, 2009. 日本産ヒラタムシ上科図説. 第1巻：ヒメキノコムシ科, ネスイムシ科, チビヒラタムシ科. 63頁. 昆虫文献 六本脚, 東京.

平野幸彦, 2010. 日本産ヒラタムシ上科図説. 第2巻：ホソヒラタムシ科, キスイムシモドキ科, ムクゲキスイムシ科. 61頁. 昆虫文献 六本脚, 東京.

Horn, G. H., 1878. Revision of the species of the sub-family Bostrichidae of the United States. *Proc. Amer. Philosoph. Soc*, 17: 540-555.

Iablokoff-Khazorian, S. M., 1962. Die Gattungstypen von Latreille. *Folia Ent. Hung.* (S.N.), 15: 419-426.

井上重紀・佐々治寛之, 1998. 福井県から新しく記録される甲虫類. 福井虫報, (22): 3.

Kamiya, H., 1963. On the systemaic position of the genus *Usechus* Motscusy, with a description of a new species from Japan (Coleoptera). *Mushi*, 37: 19-26.

Klug, J. C. F., 1833. Berichte über eine auf Madagarscar veranstaltete Sammlung von Insecten aus der Ordnung Coleoptera. *Abh. Konig. Akad. Wiss (Berlin)*, 1882-1833: 91-223, 5 pls.

久保田義則, 2010. ホソカタムシの屋久島新記録種4種. 月刊むし, (474): 43-44.

Lawrence, J. F., 1980. A new genus of Indo-Australian Gempylodini with notes on the constitution of the Colydiidae (Coleoptera). *J. Austr. Ent. Soc.*, 19: 293-310.

LeConte, J. L., 1858. Description of new species of Coleoptera, chiefly collected by the United States and Mexican Boundary Commission, under Major W. H. Emory, USA. *Proc. Acad. Nat. Sci. Philad.*, 10: 59-89.

Lewis, G., 1879. On certain new species of Coleoptera from Japan. *Ann. Mag. Nat. Hist.*, 4: 459-467.

Lewis, G., 1887. On a new species of *Phellopsis* found in Japan and Siberia. *Entoml.*, 20: 218-220.

Löbl, I. & A. Smetana, 2007. Caltaligue of Palaearctic Coleoptera. Vol. 4. Apollo Books. Stenstrup. 935 pp.

Löbl, I. & A. Smetana, 2008. Catalogue of Palaearctic Coleoptera. Vol. 5. Apollo Books, Stenstrup. 669 pp.

槙原寛・伊禮英毅・宮城健・安里修, 2009. オキナワマダラホソカタムシの発生時期. 甲虫ニュース, (165): 15-18.

Marseul, S.A., 1876. Coléoptères du Japon recueillis par M, Georges Lewis. Enumer-Ation des Heteromeres avec la description des especes nouvelles. *Ann. Soc. Ent. Fr.*, (5) 6: 91-142.

Masumoto, K. & K. Akita, 2007. A new genus and species of the subfamily Colydiinae (Zopheridae; Coleoptera) from the Ogasawara Islands. *Ent. Rev. Japan*, 62: 17-20.

Masumoto, K. & K. Akita, 2009. The true affinity of the genus *Sasajia* Masumoto et Akita (Coleoptera, Tenebrionoidea), with description of a new *Ocholissa* from the Ryukyu Isands. *Elytra, Tokyo*, 37: 297-304.

森本桂, 1992. 日本のタマムシモドキに関する記録. 甲虫ニュース, (100): 24-25.

Motschulsky, V. de, 1845. Remarques sur la collection de coleopteres russes de Victor de Motschulsky. *Bull. Soc. Imp. Nat. Mosc.*, 18: 3-127, pls. 1-3.

中根猛彦, 1950. ホソカタムシ科. 日本昆虫図鑑, 北隆館. 東京.

中根猛彦, 1963. ホソカタムシ科. 原色昆虫大図鑑 II (甲虫篇) 北隆館. 東京.

Nakane, T., 1967. New and little-known Coleoptera from Japan and its adjacent area. XXVI. *Frag.Coleopt.*, (19):73-76.

Nakane, T., 1968. New and little-known Coleoptera from Japan and its adjacent area. XXVII. *Frag. Coleopt.*, (19): 76-85.

中根猛彦, 1970. 小笠原諸島の昆虫類. 小笠原の自然－小笠原諸島の学術・天然記念物調査報告書（文部省・文化庁）: 15-32.

中根猛彦, 1977. 小笠原諸島に分布する一部の甲虫類について（新種記載を含む）国立科博専報, (10): 1467-162.

中根猛彦, 1978. 伊豆諸島および小笠原諸島に産する若干の興味ある甲虫類について（新種記載を含む）. 国立科博専報, (11): 155-161.

中根猛彦, 1990. 日本の雑甲虫覚え書き 6. 北九州の昆虫, 37(2): 61.第 8 図版.

中根猛彦, 1991. 日本の雑甲虫覚え書き 7. 北九州の昆虫, 38(1): 1-9. 第 1 図版.

生川展行, 1984. 三重県のホソカタムシ（文献記録のまとめ）. ひらくら, 28(5): 70-72.

生川展行, 1994. 三重県のホソカタムシ (II). ひらくら, 38(5): 100-102.

生川展行, 1997a. ホソカタムシ 3 種の記録. ひらくら, 40(2): 30.

生川展行, 1997b. アバタツヤナガヒラタホソカタムシを三重県で採集. ねじればね, (76): 4-5.

生川展行, 1998. ヒメナガセスジホソカタムシの採集記録. ねじればね, (80): 6-7.

生川展行, 2000a. 三重県紀勢町で採集したホソカタムシ. 北九州の昆虫, 47(1):1-3, pl.1.

生川展行, 2000b. ホソカタムシの記録若干. 北九州の昆虫, 47(1): 4. Pl.2.

生川展行, 2000c. アバタツヤナガヒラタホソカタムシの採集記録. ねじればね, (86): 7-8.

Narukawa, N., 2002. A new species of the genus *Antibothrus* (Coleoptera: Bothrideridae) from Japan. *Ent. Res. Japan*, 57: 123-126.

生川展行, 2002. クロモンヒメヒラタホソカタムシの照葉樹林での記録. ひらくら, 46(2): 29.

生川展行, 2003. イチハシホソカタムシについて. ひらくら, 47(1): 15.

生川展行, 2006. トゲヒメヒラタホソカタムシの西表島での記録. ねじればね, (117): 14.

生川展行, 2009. 三重県のホソカタムシ III. ひらくら, 53(2): 75-81.

生川展行, 2010. ヒゴホソカタムシの生息環境. 甲虫ニュース, (172): 13-15.

生川展行, 2011. ウスモンヒメヒラタホソカタムシの本州からの記録. さやばね, (4): 31.

生川展行・市橋甫・天春明既明吉・市川太・稲垣政志・官能健次・前川和則・横関秀行, 2006. 熊野灘沿岸照葉樹林の甲虫類. 熊野灘沿岸照葉樹林の昆虫 : 63-188.

生川展行・田中勇, 2004. 興味深いムキヒゲホソカタムシ 3 種の記録. ねじればね, (109): 19-20.

Okada, K., 2005. Occurrence of the genus *Colobicones* Grouvelle (Coleoptera, Zopheridae, Colydiinae) in Japan, with description of two new species. *Elytra, Tokyo*, 33: 425-431.

Pascoe, F. P., 1860. Notices of new or little-known genera and species of Coleoptera. *J. Ent.*, 1: 98-132, pls. 5-8.

Pascoe, F. P., 1863. List of Colydiidae collected in the Indian islands by Alfred R. Wallace, Esq., and descriptions of new species. *J. Ent.*, 2: 121-143, pl.8.

Pope, R. D., 1961. Colydiidae (Coleoptera Clavicornia) Exploration du Parc National de la Garamba. Mission H. de Saeger Bruxxelles: Institut des Parcs Nationaux du Congo Belge. 115 pp.

Reitter, E., 1878. Neue Colydiidae des Berliner Museums. *Dtsch. Ent. Zeit.*, 22:113-125.

Reitter, E., 1882. Bestimmungs-Tabellen der europäischen Coleopteren. VI. Enhaltend die Familien: Colydiidae, Rhysodidae, Trogostidae. *Verh. Naturf. Ver. Brünn*, 22: 113-149.

Rossi, P., 1790. Fauna Etrusca sistens insect quae in provinciis Florentina et Pisana praesertim collegit Petrus Rossius. Tomu Primus. Liburni: T. Masi & Sociorum, xxii+272 pp., 10 pls.

Saitô, M., 1999. Notes on the Japanese species of the genus *Usechus* (Coleoptera, Zopheridae). *Elytra, Tokyo*, 27: 103-111.

佐野信雄, 2001. 四国で採集したホソカタムシ科甲虫. へりぐろ, (22): 2-5.

Sasaji, H., 1971. Description of a new *Cicones*-species in Japan (Coleoptera: Colydiidae). *The Life Study* (*Fukui*), 15: 43-45.

佐々治寛之, 1971. 日本のホソカタムシ類(I). ヒラタムシ上科甲虫覚え書き(I). 生物研究（福井）, 15(1・2): 37-43.

Sasaji, H., 1977. Family Colydiidae. In: Check-list of Coleoptera of Japan: 1-5. The Coleopterists' Association of Japan.

Sasaji, H., 1984. Contribution to the taxonomy of the superfamily Cucujoidea (Coleoptera) of Japan and her adjacent districts. II. *Mem. Fac. Educ. Fukui Univ.*, ser.2, 34: 21-63.

佐々治寛之, 1985. ホソカタムシ科. 黒沢・久松・佐々治(編)：原色日本甲虫図鑑(III). 保育社, 大阪.

Sasaji, H., 1986. Notes on the Colydiidae (Coleoptera) from Japan and Formosa. In: Ueno, S.-I.(ed.): Entomological papers presented to Yoshihiko Kurosawa on the occasion of his retirement. The Coleopterologists' Association of Japan: 243-249.

Sasaji, H., 1987. Contrbution to the taxonomy of the superfamily Cucujoidea (Coleoptera) of Japan and her adjacent districts. III. *Mem. Fac. Educ., Fukui Univ.*, ser.2, 37: 23-55.

Sasaji, H., 1997. A new species of the genus *Antibothrus* (Coleoptera, Bothrideridae) from Japan, with notes on the Japanese Bothrideridae. *Esakia*, 37: 111-116.

Sharp, D., 1885a. On the Colydiidae collected by Mr. G. Lewis in Japan. *J. Linn. Soc. Zool.*, 19: 58-84, pl.3.

Sharp, D., 1885b. On some Colydiidae obtained by Mr. Lewis in Ceylon. *J. Linn. Soc. Zool.*, 19: 117-131, pl.6.

Ślipiński, S. A., 1985. New and little known species of Colydiidae (Coleoptera) from Asia, Madagascar and Comoro Islands. *Ann. Zool., (Warszawa)*, 39: 181-195.

Ślipiński, S. A., R. D. Pope & R. J. W. Aldridgeet., 1989. A review of the world Bothriderini (Coleoptera, Bothrideridae). *Bull. Ent. Pologne,* 59: 131-202.

Ślipiński, S. A. & R. Schuh, 2008. Zopheridae. Catalogue of Palaearctic Coleoptera, 5 (Edited Löbl & Smetana), 670 pp.

Solier, A. J. J., 1834. Essai d'une division des coléoptères hétéromères, et d'une monographie de la familie des collapterides. *Ann. Soc. Ent. Fr.*, 3: 479-636, pls.12-16.

鈴木茂, 2004a. 岡山県で採集したホソカタムシ類. すずむし, (138): 25-27.

鈴木茂, 2004b. 岡山県で採集されたホソカタムシの追加記録. すずむし, (139): 4.

多比良嘉晃・出口可能, 1984. 静岡県産ホソカタムシ4種の記録. 静岡の甲虫, 2: 60-61.

田中稔, 2009. ホソカタムシ科7種の新分布記録について. 甲虫ニュース, (167): 4頁.

上田衛門, 2011. 東京都目黒区でクロヒメヒラタホソカタムシを採集. 神奈川虫報, (173): 9.

Walker, F., 1858. Chracters of some apparently undescribed Ceylon insects. *Ann. Mag. Nat. Hist.*, (3)2: 202 209.

Wollaston, T. V., 1873. On a new genus of Colydiidae from Japan. *Trans. Ent.Soc.London*, 1873: 1-4.

矢野真志・久松定智, 2008. トラックトラップによって愛媛県石鎚スカイライン周辺から得られたケシキスイ科と興味深い甲虫類. 四国虫報, (41): 1-4.

Superfamily　上科

- C -
Cucujoidea（ヒラタムシ上科）……………　11

- T -
Tenebrionoidea（ゴミムシダマシ上科）……　31

Family, Subfamily　科・亜科

- B -
Bothrideridae（ムキヒゲホソカタムシ科）…　11
Bothriderinae（ムキヒゲホソカタムシ亜科）…　12

- C -
Colydiinae（ホソカタムシ亜科）……………　40

- T -
Teredinae（ツツホソカタムシ亜科）…………　27

- Z -
Zopheridae（コブゴミムシダマシ科）………　31
Zopherinae（コブゴミムシダマシ亜科）……　31

Genus, Subgenus　属・亜属

- A -
Acolophus Sharp, 1885 ……………………　56
Antibothrus Sharp, 1885 …………………　21
Ascetoderes Pope, 1961 ……………………　15

- B -
Bitoma Herbst, 1793 ………………………　42
Bolcocius Dajoz, 1975 ……………………　56

- C -
Cerchanotus Erichson, 1845 ………………　50
Colobicones Grouvelle, 1918 ……………　60
Colobicus Latreille, 1807 …………………　58
Cylindromicrus Sharp, 1885 ………………　19

- D -
Dastarcus Walker, 1858 ……………………　12

- E -
Endeitoma Sharp, 1894 ……………………　62
Endophloeus Dejean, 1834 …………………　42

- G -
Gempylodes Pascoe, 1863 …………………　40
Glyphocryptus Sharp, 1885 ………………　53

- L -
Lasconotus Erichson, 1845 …………………　44
Leptoglyphus Sharp, 1885 …………………　23

- M -
Machlotes Pascoe, 1863 ……………………　18
Microprius Fairmaire, 1869 ………………　48
Microsicus Sharp, 1894 ……………………　64
Monomma Klug, 1833 ……………………　39

- N -
Namunaria Reitter, 1882 …………………　71
Neotrichus Sharp, 1885 ……………………　50

Species 種

- P -

Phellopsis LeConte, 1862 ················· 32
Phormesa Pascoe, 1863 ················· 49
Pseudendestes Lawrence, 1980 ············ 41
Pseudotarphius Wollaston, 1873 ·········· 53
Pycnomerus Erichson, 1842 ·············· 36

- S -

Synchita Hellwig, 1792 ················· 62

- T -

Teredolaemus Sharp, 1885 ··············· 27
Trachypholis Erichson, 1845 ············· 71

- U -

Usechus Motschulsky, 1845 ·············· 33

- A -

andrewesi (*Pseudendestes*) ·············· 41
angustissima (*Synchita*) ················ 63

- B -

bitomoides (*Microsicus*) ················ 67
bonina (*Endeitima*) ··················· 62
brevicollis (*Gyphocryptus*) ·············· 54

- C -

cavatus (*Neotrichus*) ·················· 51
chujoi (*Usechus*) ···················· 33
costatus (*Machlotes*) ·················· 18

- D -

debilis (*Acolophus*) ··················· 56

- G -

glyphysternum (*Monomma*) ············· 39
gracilis (*Cylindromicrus*) ··············· 20
grandis (*Glyphocryptus*) ··············· 54
granulosus (*Bolcocius*) ················ 57
guttatus (*Teredolaemus*) ··············· 27

- H -

hayashii (*Microsicus*) ·················· 68
hiranoi (*Cylindromicrus*) ··············· 19
hirsutus (*Antibothrus*) ················· 22
hirsutus (*Microsicus*) ·················· 68
hirtus (*Colobicus*) ···················· 59
hispidus (*Neotrichus*) ·················· 51

- I -

ichihashii (*Antibothrus*) ················ 21

- K -

koyasanus (*Ascetoderes*) ················ 16
kubotai (*Leptoglyphus*) ················· 25
kurosawai (*Dastarcus*) ················· 13

- **L** -
lewisi (*Pseudotarphius*) ············· 53
longulus (*Dastarcus*) ············· 13
lunaris (*Phormesa*) ············· 49

- **M** -
morimotoi (*Antibothrus*) ············· 22

- **N** -
niponius (*Lasconotus*) ············· 45
niveus (*Microsicus*) ············· 66

- **O** -
oculatus (*Microsicus*) ············· 65
ohdaiensis (*Usechus*) ············· 34
okadai (*Lasconotus*) ············· 45
okinawensis (*Trachypholis*) ············· 72
opacus (*Microprius*) ············· 48
orientalis (*Cerchanotus*) ············· 50
orientalis (*Leptoglyphus*) ············· 25
ornamentalis (*Gempylodes*) ············· 40

- **P** -
parilis (*Colobicus*) ············· 59
picta (*Namnaria*) ············· 71
politus (*Teredolaemus*) ············· 27
popei (*Ascetoderes*) ············· 15

- **R** -
rufosignatus (*Microsicus*) ············· 67

- **S** -
sakaii (*Colobicones*) ············· 61
sasajii (*Usechus*) ············· 34
sculptratus (*Lasconotus*) ············· 47
sculptratus (*Pycnomerus*) ············· 37
serraticollis (*Neotrichus*) ············· 51
serratus (*Endophloeus*) ············· 42
shibatai (*Bolcocius*) ············· 57
siccana (*Bitoma*) ············· 43
subarea (*Phellopsis*) ············· 32
sulcata (*Bitoma*) ············· 44

- **T** -
takeii (*Ascetoderes*) ············· 16
tanakai (*Leptoglyphus*) ············· 24
tokarensis (*Colobicones*) ············· 61
tokarensis (*Synchita*) ············· 64
toyoshimai (*Glyphocyptus*) ············· 54
tsushimensis (*Usechus*) ············· 34

- **V** -
variegata (*Trachypholis*) ············· 72
vaiegatus (*Microsicus*) ············· 66
vilis (*Pycnomerus*) ············· 36
vittatus (*Leptoglyphus*) ············· 23

- **Y** -
yaeyamensis (*Bolcocius*) ············· 58
yoshidai (*Pycnomerus*) ············· 37

和名索引

- ア -
アトキツツホソカタムシ …………… 27
アトコブゴミムシダマシ …………… 32
アバタツヤナガヒラタホソカタムシ …… 37

- イ -
イチハシホソカタムシ ……………… 21
イノウエホソカタムシ ……………… 22

- ウ -
ウスモンヒメヒラタホソカタムシ ……… 66

- オ -
オオダイヨコミゾコブゴミムシダマシ … 34
オオヒサゴホソカタムシ …………… 54
オガサワラスジホソカタムシ ……… 15
オカダユミセスジホソカタムシ …… 45
オキナワマダラホソカタムシ ……… 72
オニヒラタホソカタムシ …………… 57

- ク -
クロサワオオホソカタムシ ………… 13
クロツツホソカタムシ ……………… 27
クロヒメヒラタホソカタムシ ……… 64
クロモンヒメヒラタホソカタムシ …… 66

- ケ -
ケブカヒメヒラタホソカタムシ …… 68

- コ -
コウヤスジホソカタムシ …………… 16
コヒラタホソカタムシ ……………… 57

- サ -
サシゲホソカタムシ ………………… 51
サビマダラオオホソカタムシ ……… 13

- シ -
シリゲホソカタムシ ………………… 22

- セ -
セスジツツホソカタムシ …………… 19

- タ -
タナカミスジホソカタムシ ………… 24
タマムシモドキ ……………………… 39
ダルマチビホソカタムシ …………… 53

- ツ -
ツシマヨコミゾコブゴミムシダマシ …… 34
ツチホソカタムシ …………………… 37
ツヤケシヒメホソカタムシ ………… 48
ツヤナガヒラタホソカタムシ ……… 36

- ト -
トカラトゲヒメヒラタホソカタムシ …… 61
トゲヒメヒラタホソカタムシ ……… 61

- ナ -
ナガセスジホソカタムシ …………… 43
ナガヒラタホソカタムシ …………… 63

- ニ -
ニセサシゲホソカタムシ …………… 62

- ノ -
ノコギリホソカタムシ ……………… 42
ノコムネホソカタムシ ……………… 51

- ハ -
ハヤシヒメヒラタホソカタムシ …… 68

- ヒ -
ヒゴホソカタムシ …………………… 20
ヒサゴホソカタムシ ………………… 54
ヒメナガセスジホソカタムシ（旧称）…… 45
ヒメユミセスジホソカタムシ ……… 45
ヒラタサシゲホソカタムシ ………… 50
ヒラタホソカタムシ ………………… 59

- フ -
フカミゾホソカタムシ ……………… 18

- ヘ -
ヘコムネホソカタムシ …………………… 51
ベニモンヒメヒラタホソカタムシ ……… 67
ヘリビロホソカタムシ …………………… 49

- ホ -
ホソヒサゴホソカタムシ ………………… 54
ホソマダラホソカタムシ ………………… 71
ホソミスジホソカタムシ ………………… 25

- マ -
マダラホソカタムシ ……………………… 72
マメヒラタホソカタムシ ………………… 56

- ミ -
ミスジホソカタムシ ……………………… 23
ミナミヒラタホソカタムシ ……………… 59
ミナミミスジホソカタムシ ……………… 25
ミヤマヨコミゾコブゴミムシダマシ …… 34

- ム -
ムナグロナガセスジホソカタムシ ……… 44
ムネクボスジホソカタムシ ……………… 16
ムネナガホソカタムシ …………………… 41

- メ -
メダカヒメヒラタホソカタムシ ………… 65

- ヤ -
ヤエヤマコヒラタホソカタムシ ………… 58

- ユ -
ユミセスジホソカタムシ ………………… 47

- ヨ -
ヨコミゾコブゴミムシダマシ …………… 33
ヨコモンヒメヒラタホソカタムシ ……… 67

- ル -
ルイスホソカタムシ ……………………… 40

おわりに

　私の名が学界で多少とも知られているとすれば，それはダニ研究者としての青木淳一であろう．馬鹿の一つ覚えのように50年もダニの新種を記載し続けていれば，凝性の変人として記憶されるのは当然である．したがって，その研究者が停年退官を機に突然甲虫の一群であるホソカタムシの論文を発表しはじめ，ホソカタムシに関する著書を出したりすれば，だれしも驚いたに違いない．私が活動の拠点にしていた日本ダニ学会や日本土壌動物学会の会員たちは私の変身（変心？）を怪しみ，悲しんだかもしれない．私自身もダニの研究に一生を捧げ，ダニの論文を書きながらパッタリと倒れてあの世に行くつもりであった．私にとってダニの研究はやはりプロの仕事であり，使命感に燃えていた．しかし，自由の身となった今，急に気楽な楽しい研究がしたくなった．そして，若かりし頃に夢中になったホソカタムシに再会できた喜びに夢中になって取り組んだ．念願の新種もいくつか記載し，書物も出した．「ホソカタムシの誘惑」に続いて，今回もう一冊本を出すことになった．前著とちがって写真による日本産全種の同定の手引きである．

　虫の作画が好きな私としては，写真と言うと何となくずるけて楽をしているように思われ，今までは論文でもあまり写真を使わなかった．しかし，こうして写真集が出来上がってみると，「ウーン，やっぱりいいな！」と唸ってしまう．これも「昆虫文献 六本脚」の川井信矢さんが最新の機器を使って撮影し，私のうるさい注文に全く嫌な顔をせず，あまり良い状態ではない私の標本をもとに整形や色調整を丹念に行ってくださったお陰である．

　ホソカタムシは寒冷な地域よりも温暖な地域を好む．今後も日本の南部からは見たことのない種が見つかる可能性は十分にある．本書に挙げた分布域も大幅に拡大されるであろう．すでに喜寿を迎え余命いくばくもない筆者に代わって，どなたかがさらなる集大成を成し遂げてくださることを切に願っている．

編集後記

　平野幸彦さんの「ヒラタムシ上科図説」シリーズが好評だったため，同様の図説を詳しい図鑑のない甲虫の分野で出したかったが，裾野の広い甲虫の中で，どの分野が図鑑を出しうる程度まで研究が進んでいるか，リーダー的で活動的な専門家がいるかなどが判らず，積極的に企画をたてるのが難しかった．マイナーな分野の図鑑づくりは，すべてが著者次第である．トップ研究者がいる分野でも，その方が多忙であったり執筆意欲がなければ，いくらお願いしてもだめである．図鑑を書ける人は一人だけという分類群も多く，その第一人者の方に図鑑づくりの"やる気"をもっていただくことは，容易ではない．

　青木淳一さんの名著「ホソカタムシの誘惑」は，題名の通りホソカタムシの魅力や著者の思い入れがたっぷり詰めこまれていて，雑甲虫に興味のない人でも，すぐに野外に出かけてみたくなる良書だが，同定書としてはやや物足りない感じがあった．もっとも図鑑としてつくったわけではないだろうから当然であろう．そう思っていた矢先，平野さんのご推薦もあって，青木さんに当社の"雑甲虫同定図説シリーズ"にご執筆いただくことになった．見かけはヒラタムシ上科図説シリーズに似ているが，2つの上科をまたぐため，シリーズタイトルや図のパターンなども柔軟に変えてみた．これでこのシリーズは，今後どのような分類群でも対応できそうである．

　マイナーな分野の図鑑づくりは難しいと書いたが，青木さんに関してはご研究の完成度，熱意，仕事の正確さやスピードなど，まったく何の障害も無く，楽しく仕事をさせていただいた．そして本書を完成に導いた推進力は，何より著者の熱意だと痛感させられた．本書がホソカタムシ愛好家をより増やすきっかけとなれば幸いである．

（川井信矢）

著者紹介

青木 淳一　Jun-ichi AOKI

　1935 年京都に生まれる．東京大学大学院生物系研究科修了．農学博士．ハワイ・ビショップ博物館研究員，国立科学博物館研究官，横浜国立大学教授，神奈川県立生命の星・地球博物館館長などを歴任．昆虫少年時代を東京，鎌倉で過ごし，「少年昆虫同好会（のちの京浜昆虫同好会）」の設立に携わる．大学入学後，研究テーマを土壌性のダニ類（ササラダニ類）の分類と生態に定め，50 年間その研究に没頭，論文 350 篇を発表，450 種の新種を発見記載．その功績により，日本動物学会賞，日本動物分類学会賞，日本土壌動物学会賞，南方熊楠賞などを受賞．退職後は昆虫類，特に昔日のホソカタムシ類の研究を再開する．

　主な著書に「ダニの話」（北隆館），「きみのそばにダニがいる」（ポプラ社），「土壌動物学」（北隆館），「だれでもできるやさしい土壌動物のしらべかた」（合同出版），「自然の中の宝さがし」（有隣堂），「南西諸島のササラダニ類」，「日本産土壌動物－分類のための図解検索（編著）」，「ホソカタムシの誘惑」，「むし学」（以上，東海大学出版会）など多数．

所属する会：
日本動物分類学会，日本ダニ学会，日本土壌動物学会（以上の 3 学会は元会長），日本蜘蛛学会，日本甲虫学会，日本昆虫分類学会，神奈川昆虫談話会，沖縄生物学会．

著者住所：
〒106-0031　東京都港区西麻布 3-8-12
E-mail：ja-muck@ma.rosenet.ne.jp

Cylindrical Bark Beetles of Japan
Families Bothrideridae and Zopheridae
ISBN 978-4-902649-13-0

Date of publication : April 15th, 2012   1st print
Author : Aoki, Jun-ichi
Published by Roppon-Ashi Entomological Books (Tokyo, Japan)
  Sanbanchō MY Building, Sanbanchō 24-3, Chiyoda-ku, Tokyo, 102-0075 JAPAN
  Phone: +81-3-6825-1164   Fax: +81-3-5213-1600
  URL: http://kawamo.co.jp/roppon-ashi/
  E-MAIL: roppon-ashi@kawamo.co.jp
Retail price: JPY3,800 + sales tax

Copyright©2012 Roppon-Ashi Entomological Books
All rights reserved. No part or whole of this publication may be reproduced
without written permission of the publisher.

日本産ホソカタムシ類図説
ムキヒゲホソカタムシ科・コブゴミムシダマシ科
ISBN 978-4-902649-13-0

発行日：　　2012年4月15日　第1刷
著　者：　　青木 淳一
発行者：　　川井 信矢
　　　　　　昆虫文献 六本脚
　　　　　　〒102-0075　東京都千代田区三番町24-3　三番町MYビル
　　　　　　TEL: 03-6825-1164　FAX: 03-5213-1600
　　　　　　URL: http://kawamo.co.jp/roppon-ashi/
　　　　　　E-MAIL: roppon-ashi@kawamo.co.jp
定　価：　　本体3,800円＋税

　本書の一部あるいは全部を無断で複写複製することは，法律で認められた場合を除き，
著作権者および出版社の権利侵害となります．あらかじめ小社あて許諾をお求め下さい．

日本産甲虫の同定図説シリーズ

　昆虫文献 六本脚では，従来良い専門図鑑のない分野や研究の遅れている分野に，新しい図鑑を投入していきます．B5判・ソフトカバー・フルカラーで，検索表・属や種毎の解説・背面画像をセットにして，同定の実用性に重点をおきました．普及を最優先し価格も極力抑えています．甲虫屋諸氏はもちろん，アマチュアや環境調査の同定に必要不可欠な手引きとなるでしょう．今後の続刊にも大いにご期待下さい．

日本産ヒラタムシ上科図説

第1巻
ヒメキノコムシ科
ネスイムシ科
チビヒラタムシ科

発 行 日：2009年5月1日
著　　者：平野 幸彦
定　　価：3,150円（税込・送料無料）
B5判・ソフトカバー・64頁

日本産ヒラタムシ上科図説

第2巻
ホソヒラタムシ科
キスイモドキ科
ムクゲキスイムシ科

発 行 日：2010年11月1日
著　　者：平野 幸彦
定　　価：3,150円（税込・送料無料）
B5判・ソフトカバー・62頁

図鑑の欲しい分野や著者をリクエスト・推薦して下さい

　「この分野の図鑑が是非欲しい」「あの人に図鑑を書いて欲しい」というリクエストをお寄せ下さい．従来図鑑のない分野であれば，実現に向けて最大限の努力をいたします．ご連絡は roppon-ashi@kawamo.co.jp または 03-6825-1164 まで．